国家职业技能鉴定考试指导

数控铣工

（中级）

主　编　宋力春

副主编　王科健　兰佩海　王春光

编　者　沈　梁　张　丰　马宏松　冯启成　王爱滨
许　峥　蒋　燕　高　红　郭建平　周荣华
刘　琪

中国劳动社会保障出版社

图书在版编目(CIP)数据

数控铣工：中级/人力资源和社会保障部教材办公室组织编写. —北京：中国劳动社会保障出版社，2014

国家职业技能鉴定考试指导

ISBN 978-7-5167-0987-0

Ⅰ.①数… Ⅱ.①人… Ⅲ.①数控机床-铣床-职业技能-鉴定-自学参考资料 Ⅳ.①TG547

中国版本图书馆CIP数据核字(2014)第068515号

中国劳动社会保障出版社出版发行

(北京市惠新东街1号 邮政编码：100029)

*

中国标准出版社秦皇岛印刷厂印刷装订 新华书店经销

787毫米×1092毫米 16开本 14.75印张 285千字

2014年5月第1版 2021年7月第6次印刷

定价：32.00元

读者服务部电话：(010) 64929211/84209101/64921644

营销中心电话：(010) 64962347

出版社网址：http://www.class.com.cn

编写说明

《国家职业技能鉴定考试指导》（以下简称《考试指导》）是《国家职业资格培训教程》（以下简称《教程》）的配套辅助教材，每本《教程》对应配套编写一册《考试指导》。《考试指导》共包括三部分：

第一部分：理论知识鉴定指导。此部分内容按照《教程》章的顺序，对照《教程》各章理论知识内容编写。每章包括三项内容：考核要点、辅导练习题、参考答案及说明。

——理论知识考核要点是依据国家职业技能标准、结合《教程》内容归纳出的该职业从基础知识到《教程》各章内容的考核要点，以表格形式叙述。表格由理论知识考核范围、考核要点及重要程度三部分组成。

——理论知识辅导练习题题型采用三种客观性命题方式，即判断题、单项选择题和多项选择题，题目内容、题目数量严格依据理论知识考核要点，并结合《教程》内容设置。

第二部分：操作技能鉴定指导。此部分内容包括两项内容：操作技能鉴定概要、操作技能模拟试题。

——操作技能鉴定概要由考核内容结构表及说明、鉴定要素细目表及说明、考核要求与配分三部分组成。

——操作技能模拟试题是按职业实际情况安排了实际操作题、模拟操作题、案例选择题、案例分析题、情景题、写作题等，部分职业还依据职业特点及实际考核情况采用了其他题型。

第三部分：模拟试卷。包括该级别理论知识考核模拟试卷、操作技能考核模拟试卷若干套，并附有参考答案。理论知识模拟试卷体现了本职业该级别大部分理论知识考核要点的内容，操作技能考核模拟试卷安全涵盖了操作技能考核范围，体现了操作技能考核要点的内容。

本职业《考试指导》共包括4本，即基础、中级、高级和技师高级技师。《国家职业技能鉴定考试指导——数控铣工（中级）》是其中一本，适用于对数控铣工的职业技能培训和鉴定考核。

本书在编写过程中得到了北京市人力资源和社会保障局、北京工贸技师学院等单位的大力支持与协助，在此一并表示衷心的感谢。

编写《考试指导》有相当的难度，是一项探索性工作。由于时间仓促，缺乏经验，不足之处在所难免，恳切欢迎各使用单位和个人提出宝贵意见和建议。

目　录

第一部分　理论知识鉴定指导

第二部分　操作技能鉴定指导

第三部分　模　拟　试　卷

第一部分　理论知识鉴定指导

第一章　加 工 准 备

考 核 要 点

理论知识考核范围	考核要点	重要程度
读图与绘图	零件图的识读与绘制	掌握
	装配图的识读与绘制	掌握
	简单装配图的识读	了解
数控铣工的基本工艺知识	工艺规程制定的步骤及方法	掌握
	加工余量的确定	掌握
	工序基准的选择	熟悉
	工序尺寸及公差的确定	熟悉
	工艺设备和工艺装备的选择	掌握
	切削用量的确定	掌握
	填写工艺文件	了解
零件的定位与装夹	定位与夹紧的原理和方法	掌握
	零件找正的方法	掌握
数控刀具准备	切削运动与切削用量	掌握
	数控铣床常用刀具	掌握
	金属切削原理基本知识	掌握
	刀具磨损常识	掌握
	选择刀具的要点	了解
	刀柄的分类	了解
	切削液	了解

辅导练习题

一、单项选择题（请将正确答案的代号填在括号中。）

1．如下图所示，已知零件的两个视图，正确的第三视图应该选择（　　）。

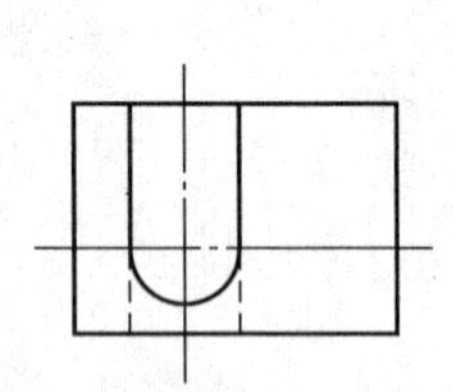

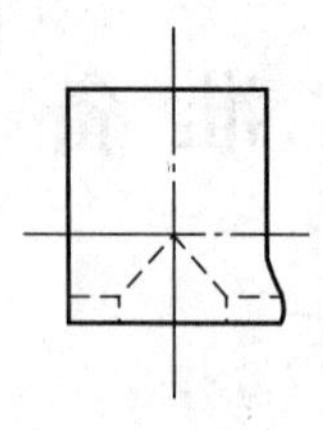

A.

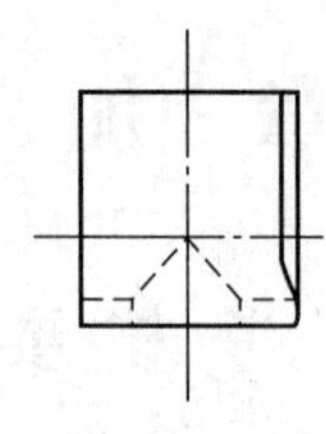

B.

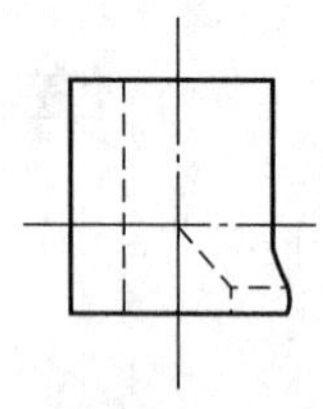

C.

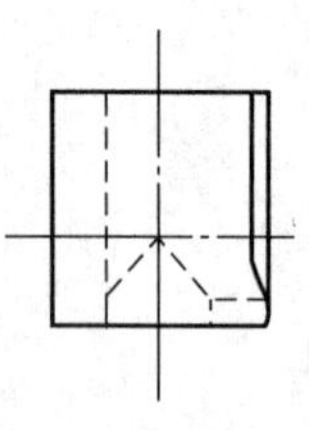

D.

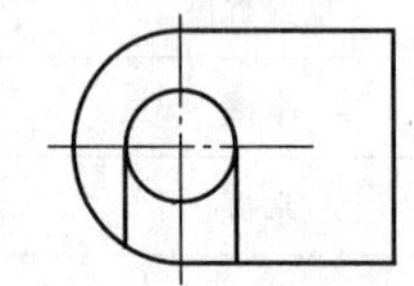

2．已知轴线正交的圆柱和圆锥具有公切球，正确的投影是（　　）。

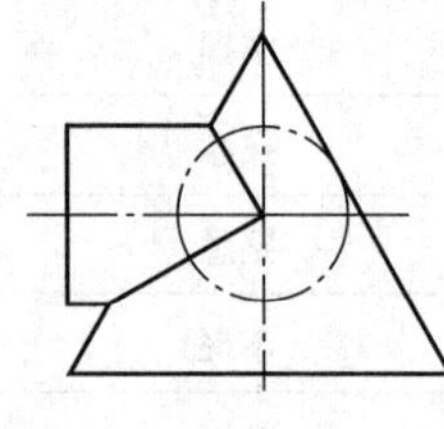

A.

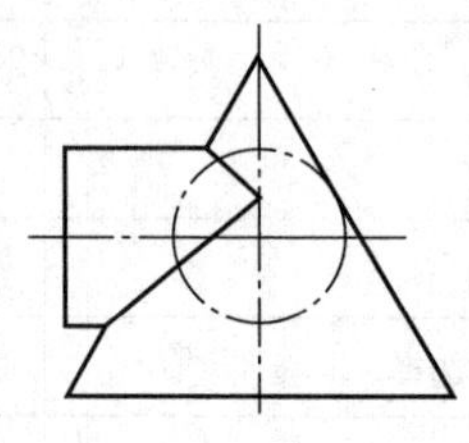

B.

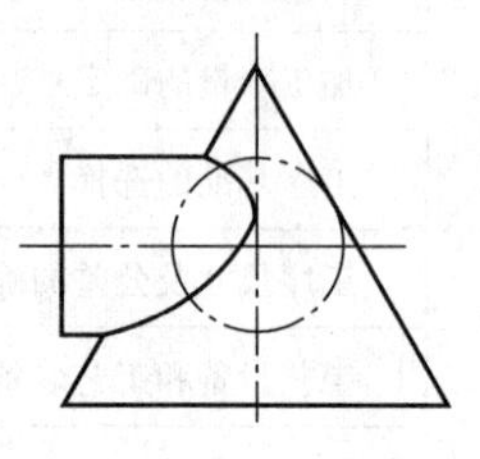

C.

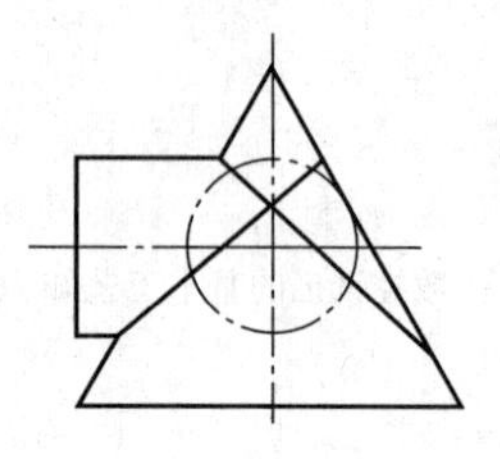

D.

3．下列图中反映两直线垂直相交的是哪一个图（　　）。

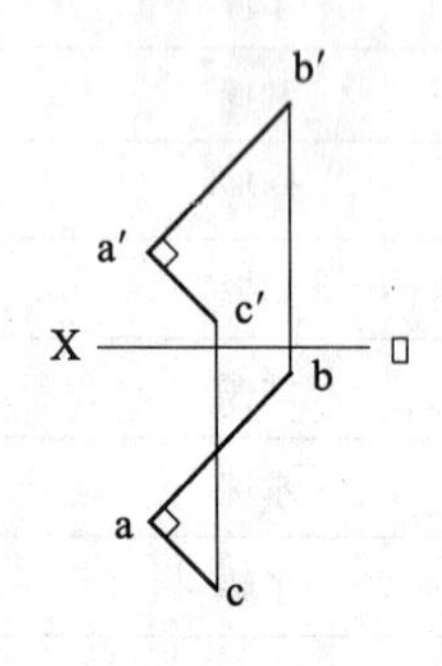

A.

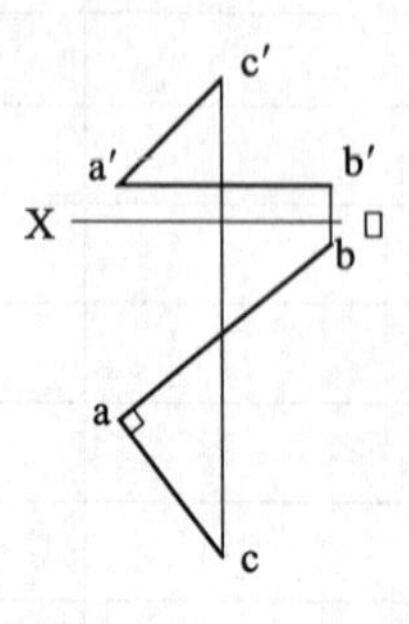

B.

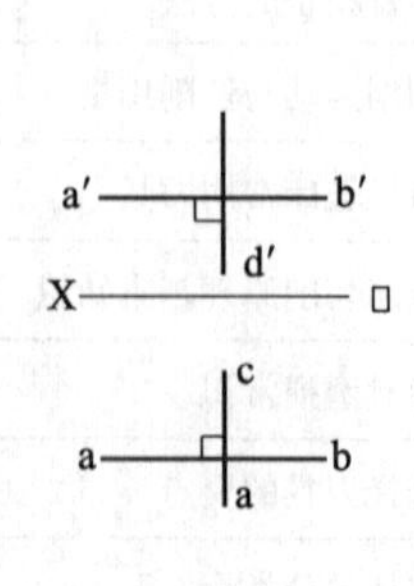

C.

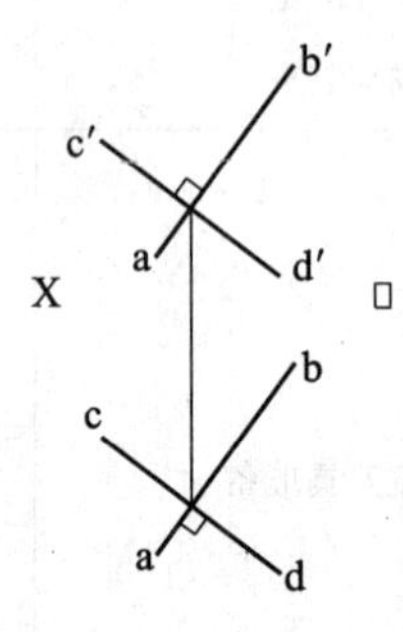

D.

4．下图工艺结构合理的是（　　）。

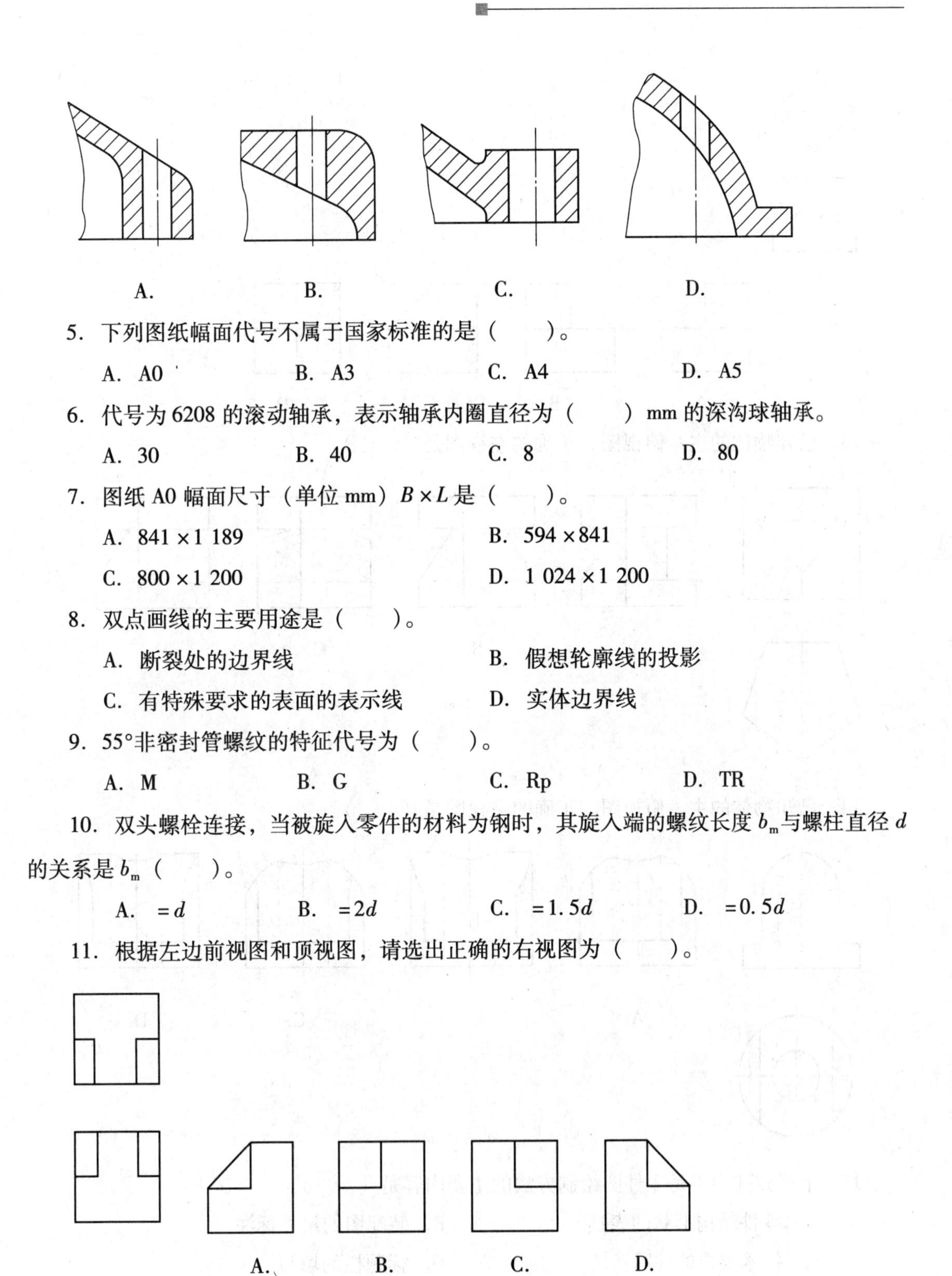

A.　　　　B.　　　　C.　　　　D.

5. 下列图纸幅面代号不属于国家标准的是（　　）。

A. A0　　　　B. A3　　　　C. A4　　　　D. A5

6. 代号为6208的滚动轴承，表示轴承内圈直径为（　　）mm的深沟球轴承。

A. 30　　　　B. 40　　　　C. 8　　　　D. 80

7. 图纸A0幅面尺寸（单位mm）$B \times L$是（　　）。

A. 841×1 189　　　　B. 594×841

C. 800×1 200　　　　D. 1 024×1 200

8. 双点画线的主要用途是（　　）。

A. 断裂处的边界线　　　　B. 假想轮廓线的投影

C. 有特殊要求的表面的表示线　　　　D. 实体边界线

9. 55°非密封管螺纹的特征代号为（　　）。

A. M　　　　B. G　　　　C. Rp　　　　D. TR

10. 双头螺栓连接，当被旋入零件的材料为钢时，其旋入端的螺纹长度b_m与螺柱直径d的关系是b_m（　　）。

A. $=d$　　　　B. $=2d$　　　　C. $=1.5d$　　　　D. $=0.5d$

11. 根据左边前视图和顶视图，请选出正确的右视图为（　　）。

A.　　　　B.　　　　C.　　　　D.

12. 已知物体的主、俯视图，正确的左视图是（　　）。

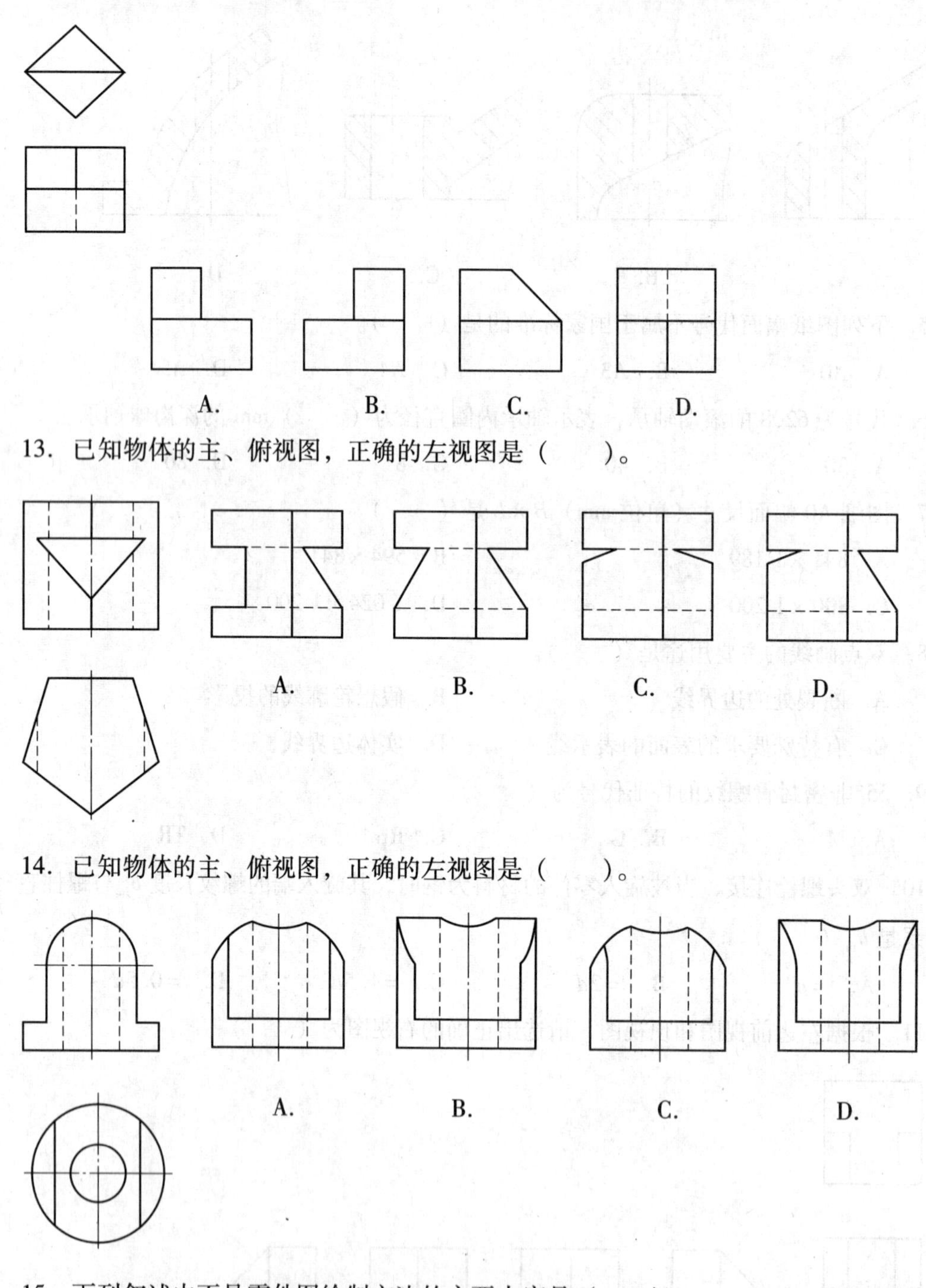

13．已知物体的主、俯视图，正确的左视图是（　　）。

14．已知物体的主、俯视图，正确的左视图是（　　）。

15．下列叙述中不是零件图绘制方法的主要内容是（　　）。

A．零件结构形状的表达　　　　B．装配图的尺寸标注

C．技术要求的注写　　　　　　D．标题栏的填写

16．设计基准是在机器或部件中确定（　　）位置的点、线或面。

A. 机床　　B. 夹具　　C. 零件　　D. 工作台

17. 下列说法中哪一项不是绘制零件图的步骤（　　）。

A. 选择比例和图幅　　B. 确定视图表达方案

C. 画零件装配图　　D. 检查修改，完成零件图的绘制

18. 下列说法中哪一项不是识读装配图的方法和步骤（　　）。

A. 看标题栏和明细表　　B. 分析视图和零件

C. 归纳总结　　D. 画草图

19.（　　）是在具体生产条件下的最合理的工艺过程和操作方法，经审批后用来指导生产的工艺文件。

A. 工艺规程　　B. 工艺步骤　　C. 工艺流程　　D. 加工步骤

20. 下列选项中（　　）不是在制定工艺路线时，应考虑的问题。

A. 合理选择定位基准　　B. 正确选择各表面的加工方法

C. 画工艺流程图　　D. 加工阶段的划分

21.（　　）是生产组织和管理工作的基本依据。

A. 工艺步骤　　B. 工艺规程　　C. 工艺流程　　D. 加工步骤

22.（　　）是新建或扩建工厂或车间的基本资料。

A. 工艺步骤　　B. 工艺流程　　C. 工艺规程　　D. 加工步骤

23. 下列选项中（　　）不是工艺规程制定时所需的原始资料。

A. 产品的装配图样和零件工作图样　　B. 产品的销售纲领

C. 产品验收的质量标准　　D. 现有的生产条件和资料

24. 下列选项中（　　）不是确定毛坯时主要考虑的因素。

A. 零件的材料及其力学性能　　B. 生产类型

C. 零件的分子结构　　D. 零件的结构形状和外形尺寸

25. 下列选项中（　　）不是影响加工余量的因素。

A. 前工序（或毛坯）加工后的表面质量

B. 前工序（或毛坯）的尺寸公差

C. 前工序（或毛坯）的形位误差（也称空间误差）

D. 本工序的测量误差

26. 下列选项中（　　）不是最终工序的工序基准的选择原则。

A. 工序基准和设计基准重合　　B. 工序基准和定位基准重合

C. 工序基准要便于作测量基准　　D. 工序基准和加工基准重合

27.（　　）即使工件在机床上或夹具中占有某一个正确的位置。

A. 加工　　B. 定位　　C. 夹紧　　D. 安装

28. 消除（　　）定位及其干涉一般有两种途径：其一，改变定位元件结构；其二，合理应用过定位。

A. 过　　B. 欠　　C. 完全　　D. 不完全

29. 编制数控加工文件应以满足零件（　　）成本要求为目的，综合考虑零件图样的技术要求和生产现场的加工条件。

A. 质量　　B. 加工　　C. 综合　　D. 核算

30. 数控加工技术文件主要有：数控编程任务书、（　　）设定和装夹卡片、数控加工工序卡片、数控加工走刀路线图、数控刀具卡片、加工程序单等。

A. 机床原点　　B. 工件原点　　C. 刀具　　D. 工件

31. 数控加工技术文件主要有：数控编程任务书、工件原点设定和装夹卡片、数控加工工序卡片、数控加工走刀路线图、数控刀具卡片、（　　）单等。

A. 工具　　B. 备料　　C. 刀具　　D. 加工程序

32. 加工中心对刀具的要求十分严格，一般要在机外对刀仪上预先调整刀具（　　）。

A. 直径和长度　　B. 角度　　C. 坐标　　D. 位置

33. 数控刀具卡主要反映刀具编号、刀具结构、刀柄规格、刀片（　　）和材料等，它是组装刀具和调整刀具的依据。

A. 直径　　B. 角度　　C. 长度　　D. 型号

34. 一般换刀点应设在工件或夹具的（　　），对加工中心而言，换刀点往往是固定的点。

A. 内部　　B. 左边　　C. 外部　　D. 右边

35. 所谓（　　）就是用刀具的轮廓和切削轨迹近似逼近所加工的表面，是一种近似加工方法，但随着行距的加密其精度可以满足零件需要。

A. 成形法　　B. 行切法　　C. 轨迹法　　D. 纵切法

36. 复杂曲面类零件表面复杂，往往由许多曲面拼合、相交组成，用四轴或五轴加工中心不方便，也容易发生刀具与工件的（　　）。

A. 干涉　　B. 摩擦　　C. 运动　　D. 变化

37. 平面类零件一般包括孔、内螺纹、内外轮廓、型腔、平面、槽等加工内容，每一个加工内容都有相应的（　　）。

A. 种类　　B. 尺寸　　C. 加工方法　　D. 功能

38. CAD 软件为我们提供了绘制斜视图的两种基本方法，即设置（　　），或者利用几何变换工具中的“平移/旋转”功能。

A. 机床坐标系　B. 用户坐标系　C. 工件坐标系　D. 机械点

39. 适合于加工中心加工的箱体类零件一般是指具有一个以上孔系，孔间具有（　）位置角度，内部有一定型腔，在长、宽、高方向有一定比例的零件。

A. 平面　B. 相对　C. 绝对　D. 空间

40. 选择编程零点应力求与（　）基准重合，避免不必要的尺寸链误差对尺寸精度的影响。

A. 定位　B. 设计　C. 粗　D. 精

41. 典型箱体类孔系零件，直径小于（　）mm 的孔可直接在加工中心上完成，可分“锪平端面→钻中心孔→钻孔→扩孔→孔端倒角→精镗（或铰孔）”工步来完成。

A. 60　B. 80　C. 30　D. 75

42. 根据实验资料和计算公式综合确定加工余量，这样比较科学，数据较准确，一般用于（　）生产。

A. 大批大量　B. 单件　C. 小批量　D. 产品试制

43. 一般情况下，M6 以上、（　）以下的螺纹孔可在加工中心上完成柔性或刚性攻螺纹。

A. M36　B. M40　C. M30　D. M20

44. 数控编程任务书阐明了（　）人员对数控加工工序的技术要求和工序说明，以及数控加工前应保证的加工余量。

A. 编程　B. 工艺　C. 技术　D. 维修

45. 加工中心刀具卡主要反映刀具编号、刀具结构、（　）、刀片型号和材料等，它是组装刀具和调整刀具的依据。

A. 机床型号　B. 夹具　C. 刀柄规格　D. 主轴孔规格

46. 零件的工艺性分析包括尺寸的标注方法分析、图样的技术要求分析、零件结构工艺性分析、定位基准分析、毛坯（　）分析。

A. 加工余量　B. 加工性　C. 结构　D. 受力

47. 所谓（　）就是用刀具的轮廓和切削轨迹近似逼近所加工的表面，是一种近似加工方法，但随着行距的加密其精度可以满足零件需要。

A. 试切法　B. 轮廓法　C. 纵切法　D. 行切法

48.（　）类零件一般包括孔、内螺纹、内外轮廓、型腔、平面、槽等加工内容，每一个加工内容都有相应的加工方法。

A. 曲面　B. 平面　C. 变斜角　D. 轮廓

49. 通孔加工方法中“钻孔→镗孔→倒角→精镗孔”工艺，适用于（　）孔，经过多次精镗，孔的位置、形状等精度都能得到很好的保证。

A. 一般　　B. 深　　C. 高精度　　D. 阶台

50. 型腔加工的特点是粗加工时有大量的体积要被切除，一般采用（　　）的方法加工。

A. 横切　　B. 仿形　　C. 纵切　　D. 层切

51. （　　）法切削实际上是进行成形切削。刀具按槽的形状沿单一轨迹运动，刀轨与刀具形状合成为槽的形状。

A. 轨迹　　B. 试切　　C. 刀补　　D. 干涉

52. 加工中心工序的划分种类主要有以（　　）集中分序法、以加工的部位分序法、以粗、精加工分序法。

A. 工件　　B. 刀具　　C. 机床　　D. 夹具

53. （　　）点是数控加工中刀具相对于工件的起点，是工件坐标系的零点，也称程序原点。

A. 换刀　　B. 机械　　C. 对刀　　D. 相对

54. 加工中心（　　）点设定原则是在机床进行自动换刀时防止刀具碰伤工件或夹具。

A. 坐标　　B. 原点　　C. 选定　　D. 换刀

55. 压板在使用中两端不要有大的高度差，应使压板垫块的高度（　　）于工件受压点或两者等高。

A. 略高　　B. 低　　C. 大　　D. 小

56. 一台铣床的加工精度（平面度、平行度、垂直度）为0.02 mm，那么选用定位精度在（　　）mm范围内的精密平口钳较为合理。

A. 0.05~0.06　　B. 0.01~0.02　　C. 0.08　　D. 0.1

57. 产品精度为0.1 mm，可以确定平口钳的定位精度值应在（　　）mm范围内较为合理，即应选用精密平口钳。

A. 0.01~0.02　　B. 0.1~02　　C. 0.03~0.1　　D. 0.3

58. 三爪自定心卡盘一般是配合（　　）装置，用来装夹圆棒类零件以及对称的多边形类的零件，进行等分或不等分的键槽类或是孔系的加工等。

A. 变速　　B. 伺服　　C. 进给　　D. 分度

59. 所谓（　　），就是将工件初步装夹后，用划针、百分表或其他找正工具来确定工件相对于刀具或机床之间的合理的切削角度和位置。

A. 找正　　B. 摩擦　　C. 装夹　　D. 定位

60. 机床（　　）就是安装在机床上，用以装夹工件或引导刀具，使工件和刀具具有正确的相互位置关系的装置。

A. 刀具　　B. 夹具　　C. 坐标　　D. 主轴

61. 组合夹具适用于新产品试制和单件小批量生产，也适用于较大批量的生产，但对于（　　）精度要求较高的工件则不宜采用。

A. 尺寸　　B. 形状　　C. 位置　　D. Ra

62. 支承钉主要用于平面定位，限制（　　）个自由度。

A. 4　　B. 3　　C. 2　　D. 1

63. 常用支承钉支承部位的类型有平头、圆头和（　　）头。

A. 半圆　　B. 方　　C. 尖　　D. 齿纹

64. 平行垫铁一般由（　　）块组成一组，上、下两工作表面平行度误差不得大于 0.02 mm。

A. 4～5　　B. 3　　C. 8～10　　D. 6～10

65. 空心平行垫铁采用铸铁或球墨铸铁，常用于（　　）工件的定位或支承。

A. 复杂　　B. 微型　　C. 小型　　D. 大型

66. 采用 A 型和 B 型支承板组合起来使用，可限制（　　）个自由度。

A. 3　　B. 4　　C. 2　　D. 5

67. 角铁又称弯板，适用于被加工工件的定位（　　）面与机床工作台面垂直的平面的定位。

A. 平　　B. 基准　　C. 圆柱　　D. 曲

68. V 形架既能用于精定位，又能用于粗定位；既能用于完整圆柱面，也能用于不完整圆柱面，而且具有（　　）性。

A. 单向　　B. 自锁　　C. 对中　　D. 多向

69. 一个位于空间自由状态的物体，对于直角坐标系来说，具有（　　）自由度，它的空间位置是任意的。

A. 4 个　　B. 7 个　　C. 5 个　　D. 6 个

70. 设计加工中心用夹具时，应注意（　　）批量加工时，尽可能采用标准化的通用夹具或组合夹具等。

A. 较大　　B. 超大　　C. 较小　　D. 多品种

71. 一般要求工件的（　　）点与支承点处于同一轴线上，这样才能使工件的夹紧变形处于最小状态。

A. 夹紧　　B. 对应　　C. 运动　　D. 坐标

72. 加工中心机床工序的划分的一般方法有刀具集中分序法；以加工的（　　）分序

法；以粗、精加工分序法。

A. 尺寸　　B. 部位　　C. 精度　　D. 误差

73. 压板夹紧装置比平口钳应用更广泛，不仅能够用来装夹形状规则的零件，而且还能够用来装夹形状（　　）的零件。

A. 简单　　B. 较大　　C. 较小　　D. 不规则

74. 加工中心机床自动换刀和交换工作台时，不能与夹具或工件发生（　　）。

A. 干涉　　B. 摩擦　　C. 运动　　D. 变化

75. 卧式加工中心镗削时对于原有孔径较大且孔深较深的工件，则可在主轴镗杆上装上百分表，直接对（　　）的侧素线及上素线进行找正。

A. 外轮廓　　B. 端面　　C. 孔壁　　D. 长度

76. 角铁又称弯板，适用于被加工工件的定位基准面与机床工作台面（　　）的平面的定位。

A. 平行　　B. 垂直　　C. 同轴　　D. 对称

77. 圆柱心轴用于工件圆孔定位，限制（　　）个自由度。

A. 4　　B. 5　　C. 2　　D. 3

78. 圆锥销用于工件圆孔定位，限制（　　）个自由度。

A. 4　　B. 6　　C. 2　　D. 3

79. V 形架用于工件外圆定位，短 V 形架限制 2 个自由度，长 V 形架限制（　　）个自由度。

A. 6　　B. 4　　C. 5　　D. 3

80. 一个固定锥套和一个活动锥套能够限制（　　）个自由度。

A. 4　　B. 3　　C. 5　　D. 6

81. 一个短菱形销限制（　　）个自由度，一个长菱形销限制（　　）个自由度。

A. 1，2　　B. 1，3　　C. 2，3　　D. 3，4

82. 在实际生产中最常见的就是一面两孔定位，这种定位易于做到工艺过程中的（　　），保证工件的相互位置精度。

A. 自为基准　　B. 互为基准　　C. 入体原则　　D. 基准统一

83. 在采用两个销定位时，必须保证其中的一个销是（　　）销，避免采用两个圆柱销同时定位时造成的过定位现象，即两个定位元件同时限制同一个自由度以保证工件的定位精度。

A. 圆锥　　B. 开口　　C. 菱形　　D. 四方

84. 立铣刀包括端面立铣刀、球头立铣刀和（　　）立铣刀三种，其头型分别是直角头、球头和 R 角圆弧头。

A. 外圆　B. 笔式　C. 直角　D. R 角

85. 高精度球头立铣刀球头 R 公差可达 ±（　　）μm，其顶刃延至中心，中心处也可进行切削，避免了刮挤啃切，可使加工表面质量提高，也减轻了刀刃负荷与损伤。

A. 0.005　B. 0.1　C. 0.4　D. 0.05

86. 已知铣刀转速 n = 5 000 r/min，每齿进给量 f_x = 0.1 mm/z，4 齿立铣刀每分进给量为（　　）mm/min

A. 2 500　B. 2 000　C. 3 000　D. 5 000

87. 螺旋刃立铣刀加工切入工件时，刀刃上某点的受力位置随（　　）回转而变化，结构上难以引起振动。

A. 夹具　B. 机床　C. 工件　D. 刀具

88. 螺旋刃立铣刀的螺旋角也不是越大越好。螺旋角大，（　　）于刀具的分力就大，不适合于加工刚度差的工件。

A. 倾斜　B. 作用　C. 垂直　D. 平行

89. 碳素钢、合金钢、不锈钢、铸铁、铝合金、纯铜和塑料等的加工首先推荐选用（　　）螺旋角立铣刀，其次推荐选用 30°螺旋角立铣刀。

A. 45°　B. 60°　C. 90°　D. 75°

90. （　　）立铣刀也称为分屑式立铣刀，是一种高效的粗加工立铣刀。

A. 盘式　B. 玉米　C. 螺旋　D. 键槽

91. 玉米立铣刀通常是（　　）齿，螺旋角一般为 20 ~ 30°，分屑节距有粗有细，前角一般为 6°。为提高粗加工切削效率，可选用此种立铣刀。

A. 单　B. 7 ~ 8　C. 2 ~ 3　D. 4 ~ 6

92. 正前角加工时切削轻快，用于布氏硬度（　　）HB 以下的所有材料，尤其适用于小功率铣床。

A. 350　B. 450　C. 300　D. 400

93. 通常（　　）为 45°或 15°，应用最广泛的是 45°，因为该类型铣刀使用经济，且从精加工到粗加工都适用，这样可以提高刀具及设备的利用率。

A. 前角　B. 主偏角　C. 后角　D. 顶角

94. 一般来说，面铣刀的直径应比切削宽度大（　　）；如果是三面刃铣刀，推荐切深是最大切深的 40%；并尽量使用顺铣，以有利于提高刀具寿命。

A. 20% ~ 50%　B. 一倍　C. 10%　D. 80%

95. 加工中心使用的工具系统是指镗铣类工具系统，可分为整体式与（　　）式两类。

A. 干涉　　B. 机械　　C. 分体　　D. 模块

96. 曲线刃球头立铣刀适用于模具工业、航空工业和汽车工业的仿形加工，用于粗铣、半精铣各种（　　）面，也可以用于精铣。

A. 平　　B. 复杂　　C. 圆柱　　D. 倾斜

97. 加工较大的平面应选用面铣刀；加工凹槽、较小的台阶面及平面轮廓应选用（　　）铣刀；加工空间曲面应选用球头铣刀。

A. 立　　B. 两面刃　　C. 端　　D. 外圆

98. 加工模具型腔或凸模成形表面等多选用模具铣刀；加工封闭的键槽应选用键槽铣刀；加工变斜角零件的变斜角面应选用（　　）形铣刀；加工各种直的或圆弧形的凹槽、斜角面、特殊孔等应选用成形铣刀。

A. 方　　B. 鼓　　C. 圆　　D. 三角

99. 铣内凹轮廓时，铣刀半径 r 应小于内凹轮廓面的最小曲率半径 ρ，一般取 $r=$（　　）ρ。

A. 0.2～0.3　　B. 0.4～0.5　　C. 3～5　　D. 0.8～0.9

100. 铣外凸轮廓时，铣刀半径尽量选得大些，以提高刀具的刚度和耐用度。零件的加工厚度 $H \leqslant$（　　）r，以保证刀具有足够的刚度。

A. 6～4　　B. 2～4　　C. 1/6～1/4　　D. 1/2～1

101. 常用的刀具轴向尺寸和径向尺寸补偿参数测量方法有：试切法、使用电子测头、使用机械或光学式刀具（　　）仪。

A. 干涉　　B. 预调　　C. 粗糙度　　D. 圆度

102. 加工中心一般采用 7∶24 锥柄，这是因为这种锥柄（　　），并且与直柄相比有高的定心精度和刚度。

A. 配合　　B. 连接　　C. 自锁　　D. 不自锁

103. 刀具磨损的形式有以下几种：前刀面磨损、后刀面磨损、（　　）磨损。

A. 边界　　B. 切削刃　　C. 运动　　D. 变化

104. 从对温度的依赖程度来看，刀具正常磨损的原因主要是（　　）磨损和热、化学磨损。

A. 摩擦　　B. 机械　　C. 运动　　D. 急剧

105. 夹紧力作用点应尽可能靠近（　　）表面，以减小切削力对工件造成的翻转力矩。

A. 已加工　　B. 被加工　　C. 加工　　D. 待加工

106. 夹紧力方向的确定中，夹紧力作用方向应使工件变形（　　）。

A. 合适　　B. 最大　　C. 适中　　D. 最小

107. 夹紧力大小的确定中，作为所需的实际夹紧力，实际夹紧力一般比理论计算值大（　　）倍。

A. 2~3　　B. 1~2　　C. 4~5　　D. 5~6

108. 确定夹紧力方向时，应该尽可能使夹紧力方向垂直于（　　）基准面。

A. 主要定位　　B. 辅助定位　　C. 止推定位　　D. 固定定位

109. 决定某种定位方法属几点定位，主要根据（　　）。

A. 有几个支承点与工件接触　　B. 工件被消除了几个自由度

C. 工件需要消除几个自由度　　D. 夹具采用几个定位元件

110. 采用相对于直径有较长长度的孔进行定位，称为长圆柱孔定位，可以消除工件的（　　）自由度。

A. 两个平动　　B. 两个平动两个转动

C. 三个平动一个转动　　D. 两个平动一个转动

111. 工件在机床上或在夹具中装夹时，用来确定加工表面相对于刀具切削位置的面叫（　　）。

A. 测量基准　　B. 装配基准　　C. 工艺基准　　D. 定位基准

112. 工件定位时，被消除的自由度少于六个，且不能满足加工要求的定位称为（　　）。

A. 欠定位　　B. 过定位　　C. 完全定位　　D. 不完全定位

113. 同时承受径向力和轴向力的轴承是（　　）。

A. 向心轴承　　B. 推力轴承　　C. 角接触轴承　　D. 滚动轴承

114. 在夹具中，用一个平面对工件进行定位，可限制工件的（　　）自由度。

A. 两个　　B. 三个　　C. 四个　　D. 五个

115. 装夹工件时应考虑（　　）。

A. 尽量采用专用夹具　　B. 尽量采用组合夹具

C. 夹紧力靠近主要支承点　　D. 夹紧力始终不变

116. 钻孔有两种基本方式，其一是钻头不转，工件转，这种加工方式容易产生（　　）误差。

A. 轴线歪斜　　B. 锥度

C. 轴线歪斜和锥度　　D. 轴线歪斜和腰鼓形

117. （　　）时，前角应选大些。

A. 加工脆性材料　　B. 工件材料硬度高

C. 加工塑性材料　　D. 加工脆性或塑性材料

118. 主要影响切屑流出方向的刀具角度为（　　）。

A. 前角　　B. 后角　　C. 刃倾角　　D. 主偏角

119. 减小主偏角，（　　）。

A. 使刀具寿命得到提高　　B. 使刀具寿命降低

C. 利于避免工件产生变形和振动　　D. 对切削加工没影响

120. 下列刀具材料中，适宜制作形状复杂机动刀具的材料是（　　）。

A. 合金工具钢　　B. 高速钢

C. 硬质合金钢　　D. 人造聚晶金刚石

121. 成批加工车床导轨面时，宜采用的半精加工方法是（　　）。

A. 精刨　　B. 精铣　　C. 精磨　　D. 精拉

122.（　　）时，选用软的砂轮。

A. 磨削软材料　B. 磨削硬材料　　C. 磨削断续表面　D. 精磨

123. 精加工时，应选用（　　）进行冷却。

A. 水溶液　　B. 乳化液　　C. 切削油　　D. 温度较高的水溶液

124. 加工 ϕ100 mm 的孔，常采用的加工方法是（　　）。

A. 钻孔　　B. 扩孔　　C. 镗孔　　D. 铰孔

125. 在切削平面内测量的角度有（　　）。

A. 前角　　B. 后角　　C. 主偏角　　D. 刃倾角

126. 某材料的牌号为 T3，它是（　　）。

A. 碳的质量分数为 3% 的碳素工具钢

B. 3 号加工铜

C. 3 号工业纯钛

D. 纯镍

127. 通常夹具的制造误差应是工件在该工序中允许误差的（　　）。

A. 1 ~ 2 倍　　B. 1/100 ~ 1/10　　C. 1/5 ~ 1/3　　D. 0. 5

128. 刀具后角的正负规定：后刀面与基面夹角小于 90°时，后角为（　　）。

A、正　　B. 负　　C. 非正　　D. 非负

129. 采用相对于直径有较长长度的孔进行定位，称为长圆柱孔定位，可以消除工件的（　　）自由度。

A. 两个平动　　B. 两个平动两个转动

C. 三个平动一个转动　　D. 两个平动一个转动

130．产生加工硬化的主要原因是由于（　　）。

A．前角太大　　B．刀尖圆弧半径大

C．工件材料硬　　D．刀刃不锋利

131．一面两销定位中所用的定位销为（　　）。

A．圆柱销　　B．圆锥销　　C．菱形销　　D．削扁销

132．数控机床使用的刀具必须具有较高强度和耐用度、铣削加工刀具常用的刀具材料是（　　）。

A．硬质合金　　B．高速钢　　C．工具钢　　D．陶瓷刀片

133．下列刀具材质中，（　　）韧性较高。

A．高速钢　　B．碳化钨　　C．陶瓷　　D．钻石

134．一般面铣削中碳钢工件的刀具材质为（　　）。

A．碳化钨　　B．高碳钢　　C．钻石　　D．陶瓷

二、判断题（下列判断正确的请打“√”，错误的请打“×”。）

1．零件图是装配部门提交给生产部门的重要技术文件，它不仅反映了设计者的设计意图，而且表达了零件的各种技术要求，如尺寸精度、装配精度等。（　　）

2．零件图是制造和检验零件的重要依据。（　　）

3．读零件图的一般步骤是：一看图形；二看标题栏；三看尺寸标注；四看技术要求。（　　）

4．将表示零件信息量最少的那个视图作为主视图。（　　）

5．工艺基准是在加工或测量时，确定零件相对机床、工装或量具位置的点、线或面。（　　）

6．零件图合理标注尺寸的原则：主要尺寸应间接标注；相关尺寸的基准和注法应一致；避免尺寸链封闭；按加工顺序标注尺寸；分组标注；便于测量。（　　）

7．填写标题栏时应注意以下几点：零件名称；图样编号；零件材料；签名；绘图比例。（　　）

8．绘制装配图与绘制零件图的步骤基本相同，但要注意绘制装配图时要从装配体的结构特点、工作原理出发，确定恰当的表达方法，进而绘出装配图；绘图时先画主要结构，再画次要结构。（　　）

9．绘制装配图与绘制零件图的步骤基本相同，但要注意绘图时无须考虑有关零件的定位和相互遮挡问题，被遮挡的部位可在有关剖视图中表示；注意仔细检查，以防遗漏。（　　）

10．分析部件的装配关系时要弄清零件之间的配合关系和连接固定方式等。（　　）

11. 读装配图的重点在于绘制部件的工作原理和零件间的装配关系。（　）

12. 比例为 1:1 说明零件图中的实物尺寸大小与线性尺寸相同。（　）

13. 工艺规程是指导生产的主要技术文件。合理的工艺规程不是在工艺理论和实践经验的基础上制定的。（　）

14. 零件结构工艺性是指所设计的零件，在能满足使用要求的前提下制造的可行性和经济性。（　）

15. 毛坯的确定包括确定毛坯的种类和尺寸方法两个方面。（　）

16. 设计装夹方案是制定工艺规程的重要任务之一，其主要内容包括确定加工方法，确定定位夹紧方案，安排加工顺序，以及安排热处理、检验及其他辅助工序等。（　）

17. 加工余量是指使加工表面达到所需的精度和表面质量而应切除的金属层的厚度，分为加工总余量和工序余量。（　）

18. 加工余量的确定方法有经验估算法、查表修正法、分析计算法、统计分析法。（　）

19. 在工序图上应力求四个基准（设计基准、工序基准、定位基准、测量基准）重合，这是一种最终实现状态。（　）

20. 工艺设备是指完成工艺过程的主要生产装置，而工艺流程是指产品制造过程中所用各种工具的总称。（　）

21. 将工件在机床上或夹具中定位、夹紧的过程称为工艺过程。（　）

22. 工件经二次装夹后所完成的那一部分工序称为安装。（　）

23. 工件的装夹含有三个内容：定位、夹紧和加工。（　）

24. 任何一个位置尚未确定的工件，均具有六个自由度，即沿空间三个直角坐标轴方向的移动与绕它们的转动。（　）

25. 六点定位原则中“点”的含义是自由度，不要机械地理解成接触点。（　）

26. 工件定位时 6 个自由度完全被限制，称为完全定位。（　）

27. 不完全定位是工件定位时 6 个自由度中有 1 个或 1 个以上自由度未被限制。

28. 工件加工时必须限制的自由度未被完全限制，称为欠定位。欠定位不能保证工件的正确安装位置，因而是允许的。（　）

29. 如果工件的某一个自由度被定位元件重复限制，称为过定位。（　）

30. 用百分表校正固定钳口与铣床主轴的轴心线平行或垂直，校正精度较高，用于精校正。（　）

31. 顶针校正法操作简便，校正迅速，适用于精度较高工件的校正。（　）

32. 环表校正法校正精度不高，适用于精度较低工件的校正。（　）

33. 两个支承板组合起来使用，可限制两个自由度。（　　）

34. V 形架用于工件外圆定位，只能用于完整圆柱面，不具有对中性。（　　）

35. 夹紧装置通常由夹紧件、紧固件及支承钉组成。（　　）

36. 一个位于空间自由状态的物体，它的空间位置是任意的，能沿 X、Y、Z 三个坐标轴移动，称为移动自由度，并能绕着三个坐标轴转动，称为转动自由度。（　　）

37. 工件夹紧时，不得破坏原有工件在装夹、找正时的正确位置。（　　）

38. 一般要求工件的夹紧点与支承点处于同一轴线上，这样才能使工件的夹紧变形处于最小状态。（　　）

39. 球头立铣刀可以用等高线、扫描线加工有转角 R 的型腔侧面。（　　）

40. 一般刃齿数多的立铣刀用于粗加工、切槽，刃齿数少的立铣刀用于半精加工、精加工、切浅槽。（　　）

41. 4 齿立铣刀相对于 2 齿立铣刀生产效率较低。（　　）

42. 立铣刀的螺旋角 $\theta\neq0°$时，为直刃立铣刀。（　　）

43. 钛合金、镍合金、不锈钢等难切削材料和高硬度钢等的加工推荐选用 60°螺旋角。（　　）

44. 通常的情况下，可转位刀片立铣刀比分屑式粗加工立铣刀的切削力大。（　　）

45. 玉米立铣刀特别适用于刚度差（薄壁）、不能承受大夹紧力工件的加工；适用于机床刚度差，主轴转速不能太高，但想加大背吃刀量提高效率的情况。（　　）

46. 可转位面铣刀广泛用于粗加工时的重切削和精加工的高速切削。（　　）

47. 数控铣的工具系统由工作头（刀具）、刀柄、夹套、接长杆等组成。（　　）

48. 如果麻花钻的切削条件相同，顶角越大，扭转力矩越大，但进刀阻力相应减小。（　　）

49. 可转位球头立铣刀、普通球头立铣刀适用模具的精加工。（　　）

50. 可转位密齿面铣刀适用于铣削长切屑材料以及有较小平面的钢件，切削效率较低。（　　）

51. 可转位圆刀片面铣刀适用于加工平面或根部有圆角肩台、肋条的工件以及难加工材料，小规格的还可用于加工曲面。（　　）

52. 可转位三面刃铣刀适用于铣削较深和较窄的台阶面和沟槽。（　　）

53. 可转位两面刃铣刀适用于铣削深的台阶面，可组合起来用于多组台阶面的铣削。（　　）

54. 数控铣刀具材料的一个特点是为提高刀具的耐磨性和耐用度，较多地采用涂层刀具。（　　）

55. 测量机构包括测头、传动机构及导轨。测头有接触式和非接触式两种。（　）

56. 数控铣所用的刀具必须直接连接在机床主轴上。（　）

57. 标准刀柄与机床主轴连接的接合面是靠1:7 的圆锥面。（　）

58. 黏结是刀具与工件材料接触到原子间距离时产生的结合现象。（　）

59. 刀具破损的形式分脆性破损和塑性破损两种。（　）

60. 修磨横刃，就是把横刃磨短，将钻心处前角磨大。通常 5 mm 以上横刃必须修磨，修磨后的横刃长为原长的 1/5 ~ 1/3。（　）

61. 工件以其经过加工的平面，在夹具的四个支承块上定位，属于四点定位。（　）

62. 刀具磨损分为初期磨损、正常磨损、急剧磨损三种形式。（　）

63. YG 类硬质合金中含钴量较高的牌号耐磨性较好，硬度较高。（　）

64. 金属材料依次经过切离、挤裂、滑移（塑性变形）、挤压（弹性变形）四个阶段而形成了切屑。（　）

65. 刃倾角为负值可增加刀尖强度。（　）

66. 直线电机的移动件和支承件之间没有传动件。（　）

67. 精加工时车刀后角可以比粗加工时车刀后角选大些。（　）

68. 加工零件在数控编程时，首先应确定数控机床，然后分析加工零件的工艺特性。（　）

69. 更换系统的后备电池时，必须在关机断电情况下进行。（　）

70. 联动是数控机床各坐标轴之间的运动联系。（　）

71. 数控铣床的工作台尺寸越大，其主轴电机功率和进给轴力矩越大。（　）

72. 刀具切削部位材料的硬度必须大于工件材料的硬度。（　）

73. 套类工件因受刀体强度、排屑状况的影响，所以每次切削深度要少一点，进给量要慢一点。（　）

74. 当数控机床失去对机床参考点的记忆时，必须进行返回参考点的操作。（　）

75. 安全管理是综合考虑“物”的生产管理功能和“人”的管理，目的是生产更好的产品。（　）

76. W18Cr4V 属于钨系高速钢，其磨削性能不好。（　）

77. 单件和小批量生产时，辅助时间往往需消耗单件工时的一半以上。（　）

78. 铣削铸铁和钢料的刀片，宜考虑因工件材质不同而选用不同形状的断屑槽。（　）

79. 耐热性好的材料，其强度和韧性较好。（　）

80. 前角增大，刀具强度也增大，刀刃也越锋利。（　）

81. 用大平面定位可以限制工件四个自由度。（　）

82. 销在机械中除起到连接作用外，还可起定位和保险作用。（　）

83. 圆柱销一般依靠过盈固定在孔中，用此定位和连接。（　）

84. 松键连接所获得的各种不同配合性质是改变键的极限尺寸得到的。（　）

85. 红丹粉广泛用于精密工件和有色金属工件上。（　）

86. 在钻削中，切削速度 v 和进给量 f 对钻头耐用度的影响是相同的。（　）

87. 铰削过程是切削和挤压摩擦过程。（　）

88. 部件装配是从基准零件开始的。（　）

89. 在装配中，要进行修配的组成环，叫做封闭环。（　）

90. 分组装配法的装配精度，完全取决于零件的加工精度。（　）

91. 把一批配合件，按实际尺寸分组，将大孔配大轴、小孔配小轴的配合方法，叫做直接选配法。（　）

92. 概率法多用于精度不太高的短环的装配尺寸链。（　）

93. 要提高装配精度，必须提高零件的加工精度。（　）

94. 工艺过程卡片是按产品或零、部件的某一个工艺阶段编制的一种工艺文件。（　）

95. 数控机床主轴箱的时效工序应安排在毛坯铸造后立即进行。（　）

96. 使转子产生干扰力的因素，最基本的是不平衡而引起的离心力。（　）

97. 对于挠性转子要求做到工作转速小于（0.5～0.8）倍一阶临界转速。（　）

98. 单刃刀具的误差对零件加工精度无直接影响。（　）

参考答案及说明

一、单项选择题（请将正确答案的代号填在括号中。）

1. D　2. D　3. B　4. C　5. D　6. B　7. A　8. B　9. B
10. A　11. B　12. A　13. D　14. D　15. B　16. C　17. C　18. D
19. A　20. C　21. C　22. C　23. B　24. C　25. D　26. D　27. D
28. B　29. A　30. B　31. D　32. A　33. D　34. C　35. B　36. A
37. C　38. B　39. D　40. B　41. C　42. A　43. D　44. B　45. C
46. A　47. D　48. B　49. C　50. D　51. A　52. B　53. C　54. D
55. A　56. B　57. C　58. D　59. A　60. B　61. C　62. D　63. C
64. D　65. C　66. A　67. B　68. C　69. D　70. C　71. A　72. B

73. D　74. A　75. C　76. B　77. A　78. D　79. B　80. C　81. A
82. D　83. C　84. D　85. A　86. B　87. D　88. C　89. A　90. B
91. D　92. C　93. B　94. A　95. D　96. B　97. A　98. B　99. D
100. C　101. B　102. D　103. A　104. B　105. B　106. D　107. A　108. A
109. B　110. B　111. D　112. A　113. C　114. B　115. C　116. B　117. C
118. C　119. A　120. B　121. A　122. B　123. C　124. C　125. D　126. B
127. C　128. A　129. B　130. D　131. C　132. B　133. A　134. A

二、判断题（下列判断正确的请打“√”，错误的请打“×”。）

1. ×。零件图是设计部门提交给生产部门的重要技术文件，它不仅反映了设计者的设计意图，而且表达了零件的各种技术要求，如尺寸精度、表面粗糙度等。

2. √。

3. ×。读零件图的一般步骤是：一看标题栏；二看图形；三看尺寸标注；四看技术要求。

4. ×。将表示零件信息量最多的那个视图作为主视图。

5. √。

6. ×。零件图合理标注尺寸的原则：主要尺寸应直接标注；相关尺寸的基准和注法应一致；避免尺寸链封闭；按加工顺序标注尺寸；分组标注；便于测量。

7. √。

8. √。

9. ×。绘制装配图与绘制零件图的步骤基本相同，但要注意绘图时要考虑有关零件的定位和相互遮挡问题，被遮挡的部位可在有关剖视图中表示；注意仔细检查，以防遗漏。

10. √。

11. ×。读装配图的重点在于分析部件的工作原理和零件间的装配关系。

12. ×。比例为1:1说明零件图中的线性尺寸与实物尺寸大小相同。

13. ×。工艺规程是指导生产的主要技术文件。合理的工艺规程是在工艺理论和实践经验的基础上制定的。

14. √。

15. ×。毛坯的确定包括确定毛坯的种类和制造方法两个方面。

16. ×。设计工艺路线是制定工艺规程的重要任务之一，其主要内容包括确定加工方法，确定定位夹紧方案，安排加工顺序，以及安排热处理、检验及其他辅助工序等。

17. √。

18. ×。加工余量的确定方法有经验估算法、查表修正法、分析计算法。

19. ×。在工序图上应力求四个基准（设计基准、工序基准、定位基准、测量基准）重合，这是一种最理想的情况。

20. ×。工艺设备是指完成工艺过程的主要生产装置，而工艺装备是指产品制造过程中所用各种工具的总称。

21. ×。将工件在机床上或夹具中定位、夹紧的过程称为装夹。

22. ×。工件经一次装夹后所完成的那一部分工序称为安装。

23. ×。工件的装夹含有两个内容：定位与夹紧。

24. √。

25. ×。六点定位原则中“点”的含义是限制自由度，不要机械地理解成接触点。

26. √。

27. √。

28. ×。工件加工时必须限制的自由度未被完全限制，称为欠定位。欠定位不能保证工件的正确安装位置，因而是不允许的。

29. √。

30. √。

31. ×。顶针校正法操作简便，校正迅速，适用于精度较低工件的校正。

32. ×。环表校正法是将百分表固定在铣床主轴上，使表的测头与圆转台中心部的圆柱孔表面保留一定间隙，用手转动铣床主轴，根据百分表测头与圆柱孔表面间隙的大小进行工作台调整，待间隙基本均匀后，再使表的测头接触圆柱孔表面，然后根据百分表读数差值调整工作台，直至达到允许误差范围之内。此法校正精度高，适用于精度较高工件的校正。

33. ×。采用 A 型支承板可以限制被加工工件 1 个自由度；采用 B 型支承板一般可以限制 2 个自由度。两个支承板组合起来使用，可限制 3 个自由度。

34. ×。V 形架用于工件外圆定位，短 V 形架限制 2 个自由度，长 V 形架限制 4 个自由度。V 形架既能用于精定位，又能用于粗定位；既能用于完整圆柱面，也能用于不完整圆柱面，而且具有对中性。

35. √。

36. √。

37. √。

38. √。

39. ×。*R* 角立铣刀可以用等高线、扫描线加工有转角 *R* 的型腔侧面。

40. ×。立铣刀刃齿一般有2齿、3齿、4齿、6齿，6齿用得较少。一般刃齿数多，容屑槽减小，心部实体直径增大，刚度更高，但排屑性渐差。故一般刃齿数少的立铣刀用于粗加工、切槽，刃齿数多的立铣刀用于半精加工、精加工、切浅槽。

41. ×。4齿立铣刀相对于2齿立铣刀生产效率较高。

42. ×。立铣刀的螺旋角 $\theta=0°$ 时，为直刃立铣刀；$\theta\neq0°$ 时，为螺旋刃立铣刀。

43. √。

44. √。

45. √。

46. √。

47. ×。数控铣的工具系统由工作头（刀具）、刀柄、夹套、拉钉、接长杆等组成。

48. ×。麻花钻如果切削条件相同，顶角越大，扭转力矩越小，但进刀阻力相应增加；顶角越小，进刀阻力也越小，而扭转力矩相应增加。

49. ×。可转位球头立铣刀普通球头立铣刀适用于模腔内腔及过渡圆弧的外形面的粗加工、半精加工。

50. ×。可转位密齿面铣刀适用于铣削短切屑材料以及有较大平面和较小余量的钢件，切削效率高。

51. √。

52. √。

53. √。

54. √。

55. √。

56. ×。数控铣所用的刀具必须通过刀柄连接才能装在机床主轴上。

57. ×。标准刀柄与机床主轴连接的接合面是靠7:24的圆锥面，常用的有30、35、40、45、50号锥柄。

58. √。

59. √。

60. √。

61. ×。工件以其经过加工的平面，在夹具的四个支承点上定位，属于四点定位。

62. ×。刀具磨损分为初期磨损、正常磨损、急剧磨损三个阶段。

63. ×。YG类硬质合金中含钴量较低的牌号耐磨性较好，硬度较高。

64. ×。金属材料依次经过挤压（弹性变形）、滑移（塑性变形）、挤裂和切离四个阶段而形成了切屑。

65. ×。刃倾角为负值可增加刀尖强度。

66. √。

67. √。

68. ×。加工零件在数控编程时，首先应分析加工零件的工艺特性，然后确定数控机床。

69. ×。更换系统的后备电池时，必须在系统通电情况下进行。

70. ×。联动是数控机床中能够联动的两个或两个以上的轴，在一个轴运动（进给）时，另外的轴做匀速或周期运动（进给）。

71. √。

72. √。

73. √。

74. √。

75. √。

76. √。

77. ×。单件和小批生产时，辅助时间和准备终结时间所占比重大。

78. √。

79. √。

80. √。

81. ×。用大平面定位可以限制工件 3 个自由度。

82. √。

83. √。

84. ×。松键联接所获得的各种不同配合性质是改变轴槽、轮毂槽的极限尺寸得到的。

85. ×。红丹粉广泛用于铸铁和钢的工件上。

86. ×。在钻削中，切削速度 v 和进给量 f 对钻头耐用度的影响是不同的。

87. √。

88. √。

89. ×。在装配中，要进行修配的组成环，叫做修配环。

90. ×。分组装配法的装配精度，不完全取决于零件的加工精度。

91. ×。把一批配合件，按实际尺寸分组，将大孔配大轴、小孔配小轴的配合方法，叫做分组选配法。

92. ×。概率法多用于精度高的长环的装配尺寸链。

93. ×。要提高装配精度，可以提高零件的加工精度，也可以采用选配法。

94. ×。工艺卡片是按产品或零、部件的某一个工艺阶段编制的一种工艺文件。

95. √。

96. √。

97. ×。对于挠性转子要求做到工作转速接近或超过一阶临界转速。

98. √。

第二章　数 控 编 程

考 核 要 点

理论知识考核范围	考核要点	重要程度
手工编程	基点和节点的计算	掌握
	插补原理	了解
	程序结构与形式	掌握
	准备功能	熟悉
	固定循环指令	掌握
	辅助功能	掌握
	子程序的应用	掌握
计算机辅助编程基础	CAD/CAM 软件的基本知识	掌握
	CAD/CAM 软件数控自动编程的基本步骤	掌握
	CAD/CAM 软件介绍	熟悉
	CAXA－ME 简单平面轮廓的画法	熟悉
	与 CAXA－ME 平面轮廓轨迹生成有关的名词概念	了解
	平面轮廓加工前刀具库的参数设置	了解
	刀具切入切出方式的设置	了解
	平面轮廓加工	熟悉

辅导练习题

一、单项选择题（请将正确答案的代号填在括号中。）

1. 请找出下列数控屏幕上菜单词汇的对应英文词汇 SPINDLE（　　）、EMERGENCY STOP（　　）、FEED（　　）、COOLANT（　　）。

A. 主轴、冷却液、急停、进给　　B. 冷却液、主轴、急停、进给

C. 主轴、急停、进给、冷却液　　D. 进给、主轴、冷却液、急停

2. 请找出下列数控机床操作名称的对应英文词汇 BOTTON（　　）、SOFT KEY（　　）、HARD KEY（　　）、SWITCH（　　）。

A. 软键、硬键、按钮、开关　　B. 软键、按钮、开关、硬键

C. 按钮、软键、硬键、开关　　D. 开关、软键、硬键、按钮

3. 数控系统的 MDI 方式、MEMORY 方式无效，但在 CRT 画面上却无报警发生，发生这类故障可能的原因是（　　）。

A. CRT 单元有关电缆连接不良

B. 操作面板与数控柜连接中有断线发生

C. 脉冲编码器断线

D. CRT 单元电压过低

4. 在 TND360 型数控车床辅助功能指令中（　　）表示尾座套筒顶紧。

A. M28　　B. M29　　C. M11　　D. M12

5. 光电脉冲发生器原理图中，漏光盘上沿圆周方向刻有（　　）圈条纹，在光栏板上刻有（　　）条透光条纹。

A. 1，2　　B. 2，3　　C. 3，2　　D. 4，1

6. 数控车床主轴轴承较多地采用高级油脂密封永久润滑方式，加入一次油脂可以使用（　　）。

A. 3～5 年　　B. 7～10 年　　C. 10～15 年　　D. 15 年以上

7. 以下属热塑性塑料的是（　　）。

A. 酚醛塑料（PF）　　B. 环氧塑料（EP）

C. 有机硅氧烷　　D. ABS

8. （　　）不是影响刀具磨损快、使用寿命短的主要因素。

A. 高硬度　　B. 硬质点含量多

C. 加工硬化严重　　D. 强度高

9. （　　）不是影响切削力大的主要因素。

A. 高硬度　　B. 加工硬化严重

C. 强度高　　D. 韧性高塑性大

10. （　　）不是影响切削温度高的主要因素。

A. 加工硬化严重　　B. 强度高

C. 高硬度　　D. 热导率低

11. 有报警显示的故障有（　　）。

A. 机床失控　　B. 气压低

C. 定位精度低　　D. 伺服电机不转

12. 不属于驱动器故障的是（　　）。

A. 步进电机失步　　B. 电动机尖叫后不转

C. 电动机旋转时噪声特大　　D. 电动机断线

13. 调整数控机床的进给速度直接影响到（　　）。

A. 加工零件的粗糙度和精度、刀具和机床的使用寿命、生产效率

B. 加工零件的粗糙度和精度、刀具和机床的使用寿命

C. 刀具和机床的使用寿命、生产效率

D. 生产效率

14. 由直线和圆弧组成的平面轮廓，编程时数值计算的主要任务是求各（　　）坐标。

A. 节点　　B. 基点　　C. 交点　　D. 切点

15. 由非圆方程曲线 $y=f(x)$ 组成的平面轮廓，编程时数值计算的主要任务是求各坐标（　　）。

A. 节点　　B. 基点　　C. 交点　　D. 切点

16. 圆弧插补方向（顺时针和逆时针）的规定与（　　）有关。

A. X 轴　　B. Z 轴

C. 不在圆弧平面内的坐标轴　　D. Y 轴

17. 用于指令动作方式的准备功能的指令代码是（　　）。

A. F 代码　　B. G 代码　　C. T 代码　　D. M 代码

18. 下列数控系统中（　　）是数控铣床应用的控制系统。

A. FANUC－6T　　B. FANUC－6M　　C. FANUC－330D　　D. FANUC－0T

19. 下列型号中（　　）是一台加工中心。

A. XK754　　B. XH764　　C. XK8140　　D. XKA714

20. 各几何元素间的连接点称为（　　）。

A. 基点　　B. 节点　　C. 交点　　D. 圆心

21. 执行下列程序 G90 G01 G44 Z－50 H02 F100（H02 补偿值 2.00 mm）后，镗孔深度是（　　）。

A. 48 mm　　B. 52 mm　　C. 50 mm　　D. 46 mm

22. 设置零点偏置（G54－G59）是从（　　）输入。

A. 程序段中　　B. 机床操作面板　　C. CNC 控制面板　　D. 自动运行

23. 用户宏程序就是（　　）。

A. 由准备功能指令编写的子程序，主程序需要时可使用呼叫子程序的方式随时

调用

B. 使用宏指令编写的程序，程序中除使用常用准备功能指令外，还使用了用户宏指令实现变量运算、判断、转移等功能

C. 工件加工源程序，通过数控装置运算、判断处理后，转变成工件的加工程序，由主程序随时调用

D. 一种循环程序，可以反复使用许多次

24. 执行程序铣削工件前，不宜将刀具移至（　　）。

A. 机械原点　B. 程序原点　C. 相对坐标原点　D. 刀具起点

25. 执行程序终了的单节 M02，再执行程序的操作方法为（　　）。

A. 按启动按钮

B. 按紧急停止按钮，再按启动按钮

C. 按重置（RESET）按钮，再按启动按钮

D. 启动按钮连续按两次

26. CNC 铣床，执行自动（AUTO）操作时，程序中 F 值，可配合下列旋钮（　　）。

A. FEED OVERRIDE　B. RAPID OVERRIDE

C. LOAD　D. SPINDLE OVERRIDE

27. 执行程序 M01 指令，应配合操作面板的（　　）开关。

A. “/” SLASH　B. OPTION STOP　C. COOLANT　D. DRY RUN

28. 以面铣刀切削 *XY* 平面时，造成平面度不佳的不可能因素为（　　）。

A. *X*、*Y* 轴不垂直　B. *Y*、*Z* 轴不垂直

C. *Z* 轴不垂直 *XY* 面　D. *XZ* 轴不垂直

29. G27 主要目的是检测（　　）。

A. 刀具补正功能　B. 镜像功能

C. 机械原点位置　D. 倍率功能

30. CNC 铣床程序中，G04 指令的应用，下列何者为正确（　　）。

A. G04 X2. 5　B. G04 Y2. 5　C. G04 Z2. 5　D. G04 P2. 5

31. 设 H01 =6 mm，则 G91 G43 G01 Z –15. 0；执行后的实际移动量为（　　）mm。

A. 9　B. 21　C. 15　D. 6

32. 在 CRT/MDI 面板的功能键中，用于程序编制的键是（　　）。

A. POS　B. PRGRM　C. ALARM　D. DATA

33. 数控程序编制功能中常用的插入键是（　　）。

A. INSRT　B. ALTER　C. DELET　D. IN PUT

34. （　　）符号的意义为“复位”。

A. DEL　　B. COPY　　C. RESET　　D. AUTO

35. G65 H02 P#I　Q#J 表示变量的（　　）。

A. 赋值　　B. 减算　　C. 加算　　D. 乘算

36. 在宏程序格式中，结尾用（　　）返回主程序。

A. M98　　B. G99　　C. M99　　D. G98

37. 表示刀具从 *A*（200，60）点快速移到 *B*（80，150）点用 G91 方式编程为（　　）。

A. G91G00X80.0Y150.0　　B. G91G00X120.0Y90.0

C. G91G00X－120.0Y90.0　　D. G91G00X－120.0Y－90.0

38. 在 *XY* 平面上，某圆弧圆心为（0，0），半径为 80，如果需要刀具从（80，0）沿该圆弧到达（－80，0）点，程序指令为（　　）。

A. G03I80.0F300　　B. G03I－80.0F300

C. G03J80.0F300　　D. G03J－80.0F300

39. 海德汉 TNC430 系统中，停止程序运行，主轴停止，冷却液关，回到第一行程序，消除状态标志的指令是（　　）。

A. M02　　B. M30　　C. M06　　D. A 和 B

40. 海德汉系统，启动在倾斜轴定位（TCPM）时保持刀尖位置功能（刀尖点跟随功能）的指令是（　　）。

A. M128　　B. M129　　C. M114　　D. M115

41. 海德汉系统，取消在倾斜轴定位（TCPM）时保持刀尖位置功能（刀尖点跟随功能）的指令是（　　）。

A. M128　　B. M129　　C. M114　　D. M115

42. 海德汉系统，启动利用倾斜轴加工时机械几何形状的自动补偿功能的指令是（　　）。

A. M128　　B. M129　　C. M114　　D. M115

43. 海德汉系统，取消利用倾斜轴加工时机械几何形状的自动补偿功能的指令是（　　）。

A. M128　　B. M129　　C. M114　　D. M115

44. 海德汉系统指令 M13 功能与（　　）功能相同。

A. M03＋M08　　B. M04＋M08　　C. M03＋M09　　D. M04＋M09

45. 海德汉系统指令 M14 功能与（　　）功能相同。

A. M03 + M08　　B. M04 + M08　　C. M03 + M09　　D. M04 + M09

46. 在多轴数控机床中，与 Y 轴相对应，且相互平行的辅助线性轴是（　　）轴。

A. A　　B. B　　C. U　　D. V

47. 在多轴数控机床中，与 Z 轴相对应，且相互平行的辅助线性轴是（　　）轴。

A. U　　B. V　　C. W　　D. C

48. 设加工点 P（Xi，Yi）在圆弧外侧或圆弧上，则加工偏差 $F \geqslant 0$，刀具需向 X 坐标负方向进给一步，即移到新的加工点 P（Xi + 1，Yi + 1）。新加工点的加工偏差为（　　）。

A. Fi + 1 = Fi − 2Xi + 1　　B. Fi + 1 = Fi − 2Yi + 1

C. Fi + 1 = Fi + 1　　D. Fi + 2 = Fi + 2

49. 设加工点 P（Xi，Yi）在圆弧外侧或圆弧上，则加工偏差 $F < 0$，刀具需向 Y 坐标正方向进给一步，即移到新的加工点 P（Xi + 1，Yi + 1）。该点的加工偏差为（　　）。

A. Fi + 1 = Fi − 2Xi + 1　　B. Fi + 1 = Fi − 2Yi + 1

C. Fi + 1 = Fi + 1　　D. Fi + 2 = Fi + 2

50. MasterCAM 在绘图环境中隐藏快捷键是（　　）。

A. ALT + G　　B. ALT + E　　C. ALT + H　　D. ALT + K

51. M10 为（　　）指令。

A. 润滑开　　B. 润滑关　　C. 运动部件夹紧　　D. 运动部件松开

52. 采用 FANUC 18iMA 系统的加工中心，在电网闪断恢复后重新开机，显示“EX0557 OIL&AIR LUBRICANT PRESSURE DOWN”报警，下面（　　）与故障排除无关。

A. 检查中间继电器　　B. 利用系统的自诊断功能，检查 PMC 信号

C. 检查油气润滑的供油信号　　D. 调整液压系统的液压

53. 请找出下列数控机床操作名称对应中文词汇“开关”的英文（　　）。

A. HARD KEY　　B. SWITCH　　C. SOFT KEY　　D. BOTTON

54. 在 CRT/MDI 面板的功能键中，用于报警显示的键是（　　）。

A. DGNOS　　B. ALARM　　C. PARAM　　D. SYSTEM

55. 要使机床单步运行，在（　　）键按下时才有效。

A. DRN　　B. DNC　　C. SBK　　D. RESET

56. 用 DNC 方式进行加工时，（　　）表明进入 DNC 方式，正等待 PC 机传入加工程序。

A. OFEICE　　B. ATOU　　C. INPUT　　D. PRGRM

57. （　　）不适合将复杂加工程序输入到数控装置。

A. memory card　　B. keyboard　　C. Udisc　　D. transmission line

58. PWM进给系统的过压报警指示灯是（ ）。

A. HVAL B. OVC C. HCAL D. AIR

59. 暂停后继续加工，按下列哪个键（ ）。

A. FEED HOLD B. CYCLE START C. AUTO D. FELD

60. FANUC 0系列数控系统操作面板上用来显示图形的功能键为（ ）。

A. PRGRM B. OPR/ALARM C. AUX/GRAPH D. DGNOS/PARAM

61. CAXA制造工程师软件中，以下选项中的行间走刀连接方式，（ ）方式的加工路径最短。

A. 直线 B. 半径

C. S形 D. 直线，半径，S形三种一样

62. CAXA制造工程师软件不能打开（ ）格式文件。

A. x_t B. igs C. epb D. ICS

63. CAXA制造工程师数控加工仿真软件可以安装在（ ）操作系统。

A. DOS B. WINDOWS32

C. WINDOWS XP D. WINDOWS VISTA

64. CAXA制造工程师软件“圆弧”命令中没有（ ）方法绘制圆弧。

A. 三点圆弧 B. 起点—终点—起终角

C. 两点—半径 D. 起点—半径终始点

65. CAXA制造工程师软件生成的代码文件按大小可以设置为（ ）。

A. 512 kB B. 256 kB C. 1 024 kB D. 任意

66. CAXA制造工程师软件中，当刀具轨迹实体仿真后，软件将会以不同颜色（软件默认颜色）显示不同的区域，过切的部分会以（ ）表现出来。

A. 白色 B. 黑色 C. 黄色 D. 红色

67. 在CAXA制造工程师软件中，当选择“清除抬刀”的“制定删除”时，不能拾取（ ）作为抬刀的刀位点。

A. 切入开始点 B. 切入结束点 C. 切出开始点 D. 切出结束点

68. CAXA制造工程师软件区域粗加工方式中，系统默认的行间走刀连接方式的是（ ）。

A. 直线 B. 半径

C. S形 D. 直线、半径、S形三种都有

69. CAXA制造工程师软件生成的刀位文件格式为（ ）。

A. txt B. doc C. nc D. pmf

70. CAXA 制造工程师软件里的曲面要与其他软件做数据交换时用（　　）格式。

A. x_t　　B. igs　　C. dxf　　D. exd

71. CAXA 制造工程师软件中关于“边界面”命令建摸方法描述错误的是（　　）。

A. 边界面中有三边面建摸方法

B. 边界面中有四边面建摸方法

C. 边界面中有五边面建摸方法

D. 首尾相连成封闭环的曲线才能生成边界面

72. CAXA 制造工程师软件零件设计模块里自动生成（　　）命令。

A. 零件序号　　B. 明细表　　C. 自动尺寸　　D. 引出说明

73. CAXA 制造工程师“实体仿真”中，“G00 干涉”的作用是检查（　　）。

A. 机床快速移动　　B. 机床在 G00 状态切削工件

C. 快速提刀　　D. 主轴转速太快

74. CAXA 制造工程师软件中关于“网络面”命令建摸方法描述错误的是（　　）。

A. 构造网络面的曲线必须是空间曲线

B. 构造网络面的曲线要求绘制在草图中

C. 构造网络面时不可以选择点

D. 构造网络面 U 方向和 V 方向曲线都必须有交点

75. CAXA 制造工程师软件零件设计模块里自动生成（　　）命令。

A. 零件序号　　B. 明细表　　C. 自动尺寸　　D. 引出说明

76. CAXA 制造工程师软件中关于“扫描曲面”命令中不能设置的参数是（　　）。

A. 起始距离　　B. 扫描距离　　C. 终止位置　　D. 扫描角度

77. CAXA 制造工程师软件“后置处理”中，“校核 G 代码”操作选择反读 G 代码文件后要设定（　　）。

A. 圆心的含义　　B. 数控系统　　C. 轨迹刀具　　D. 坐标原点

78. 绝对坐标编程时，移动指令终点的坐标值 X、Z 都是以（　　）为基准来计算。

A. 工件坐标系原点　　B. 机床坐标系原点

C. 机床参考点　　D. 此程序段起点的坐标值

79. 用圆弧段逼近非圆曲线时，（　　）是常用的节点计算方法。

A. 等间距法　　B. 等程序段法　　C. 等误差法　　D. 曲率圆法

80. 终点判别是判断刀具是否到达（　　），未到则继续进行插补。

A. 起点　　B. 中点　　C. 终点　　D. 目的

81. 进入刀具半径补偿模式后，（　　）可以进行刀具补偿平面的切换。

A. 取消刀补后 B. 关机重启后 C. 在 MDI 模式下 D. 不用取消刀补

82. 在 G17 平面内逆时针铣削整圆的程序段为（ ）。

A. G03 R_ B. G03 I_

C. G03 X_Y_Z_R_ D. G03 X_Y_Z_K

83. 钻镗循环的深孔加工时需采用间歇进给的方法，每次提刀退回安全平面的应是（ ）。

A. G73 B. G83 C. G74 D. G84

84. 下列保养项目中（ ）不是半年检查的项目。

A. 机床电流电压 B. 液压油

C. 油箱 D. 润滑油

85. 以机床原点为坐标原点，建立一个 *Z* 轴与 *X* 轴的直角坐标系，此坐标系称为（ ）坐标系。

A. 工件 B. 编程 C. 机床 D. 空间

86. 选择刀具起始点时应考虑（ ）。

A. 防止工件或夹具干涉碰撞 B. 方便刀具安装测量

C. 每把刀具刀尖在起始点重合 D. 必须选在工件外侧

87. 系统面板上的 ALTER 键用于（ ）程序中的字。

A. 删除 B. 替换 C. 插入 D. 清除

88. 刀具半径补偿的取消只能通过（ ）来实现。

A. G01 和 G00 B. G01 和 G02 C. G01 和 G03 D. G00 和 G02

89. 计算机辅助设计的英文缩写是（ ）。

A. CAD B. CAM C. CAE D. CAT

90. 如果刀具长度补偿值是 5 mm，执行程序段 G19 G43 HO G90 G01 Xl00 Y30 Z50 后，刀位点在工件坐标系的位置是（ ）。

A. X105 Y35 Z55 B. X100 Y35 Z50

C. X105 Y30 Z50 D. Xl00 Y30 Z55

91. 使主轴定向停止的指令是（ ）。

A. M99 B. M05 C. M19 D. M06

92. 数控机床在开机后，须进行回零操作，使 *X*、*Y*、*Z* 各坐标轴运动回到（ ）。

A. 机床零点 B. 编程原点 C. 工件零点 D. 坐标原点

93. 程序是由多行指令组成，每一行称为一个（ ）。

A. 程序字 B. 地址字 C. 子程序 D. 程序段

94. 由于数控机床可以自动加工零件，操作工（　　）按操作规程进行操作。

A. 可以　　B. 必须　　C. 不必　　D. 根据情况随意

95. 程序在刀具半径补偿模式下使用（　　）以上的非移动指令，会出现过切现象。

A. 一段　　B. 二段　　C. 三段　　D. 四段

96. 快速定位 GOO 指令在定位过程中，刀具所经过的路径是（　　）。

A. 直线　　B. 曲线　　C. 圆弧　　D. 连续多线段

97. 在偏置值设置 G55 栏中的数值是（　　）。

A. 工件坐标系的原点相对机床坐标系原点的偏移值

B. 刀具的长度偏差值

C. 工件坐标系的原点

D. 工件坐标系相对对刀点的偏移值

98. 在极坐标编程、半径补偿和（　　）的程序段中，须用 G17、G18、G19 指令来选择平面。

A. 回参考点　　B. 圆弧插补　　C. 固定循环　　D. 子程序

99. 坐标系内某一位置的坐标尺寸上以相对于（　　）一位置坐标尺寸的增量进行标注或计量的，这种坐标值称为增量坐标。

A. 第　　B. 后　　C. 前　　D. 左

100. 在线加工（DNC）的意义为（　　）。

A. 零件边加工边装夹

B. 加工过程与面板显示程序同步

C. 加工过程为外接计算机在线输送程序到机床

D. 加工过程与互联网同步

101. 逐步比较插补法的工作顺序为（　　）。

A. 偏差判别、进给控制、新偏差计算、终点判别

B. 进给控制、偏差判别、新偏差计算、终点判别

C. 终点判别、新偏差计算、偏差判别、进给控制

D. 终点判别、偏差判别、进给控制、新偏差计算

二、判断题（下列判断正确的请打“√”，错误的请打“×”。）

1. 常用的超塑性合金主要有：锌基合金、铝基合金、镍合金、钛基合金。（　　）

2. 钟面千分表测杆与被测表面必须平行，否则会产生测量误差。（　　）

3. 切削铜合金使用含硫的切削液。（　　）

4. 小锥度心轴常用的锥度为 $C=1/1\ 000\sim1/8\ 000$。（　　）

5. 套料刀的刀片采用燕尾结构嵌入刀体，为保证逐步切入分屑良好，相邻刀片顶部距离0.3 mm。（　）

6. 在CA6140型卧式车床上车削普通螺纹和米制蜗杆时，交换齿轮传动比是63∶75。（　）

7. 圆弧插补中，对于整圆，其起点和终点相重合，用R编程无法定义，所以只能用圆心坐标编程。（　）

8. 顺时针圆弧插补（G02）和逆时针圆弧插补（G03）的判别方法是：沿着不在圆弧平面内的坐标轴负方向向正方向看去，顺时针方向为G02，逆时针方向为G03。（　）

9. 数控铣床加工时保持工件切削点的线速度不变的功能称为恒线速度控制。（　）

10. 数控机床以G代码作为数控语言。（　）

11. 习惯上环规的不通端（NO GO）外侧，有红色标示，作为区别。（　）

12. 塞规的通端（GO）直径大于不通端（NO GO）。（　）

13. 程序中采用刀具长度补正的好处是不必逐一输入补正值。（　）

14. 使用刀具半径补正G41、G42指令，不考虑内侧角隅。（　）

15. G23指令为取消行程限制区。（　）

16. 执行单节跳跃（BLOCK SKIP），应配合面板开关使用。（　）

17. G54的坐标原点与机械原点无关。（　）

18. 利用I、J表示圆弧的圆心位置，须使用增量值。（　）

19. G04 P1.0此单节是正确的写法。（　）

20. CAXA制造工程师软件中“网格面”要求所有的*U*向和*V*向曲面必须有交点。（　）

21. CAXA制造工程师软件生成的刀位文件与数控系统有关，不同的数控系统生成的刀位都不一样。（　）

22. CAXA制造工程师软件“实体仿真”中，加工干涉检查是为了检查轨迹的正确率，对“生成G代码”的结果没有影响 。（　）

23. CAXA制造工程师软件可以在草图和实体上标注尺寸。（　）

24. 在CAXA制造工程师软件“等高线粗加工”的切入切出设置中，可以设定水平圆弧切入切出。（　）

25. CAXA制造工程师软件“实体仿真”是根据轨迹进行仿真，加工的毛坯的设定对其没有影响。（　）

26. CAXA制造工程师软件中，干涉现象对刀具轨迹没有任何影响。（　）

27. CAXA制造工程师软件中，数控加工仿真软件是要独立安装的。（　）

28. CAXA制造工程师软件中，切削用量中机床的“主轴转速”设置得越高越好，这样

机床可以走刀更快些。（　）

29．M30是程序结束指令，执行时使程序停止，M30指令还没有使程序重新开始的作用。（　）

30．初始平面是为安全下刀而规定的一个平面。初始平面到零件表面的距离可以任意设定在一个安全的高度上。（　）

31．FANUC子程序在被调用时，调用第一层子程序的指令所在的程序称为主程序。（　）

32．固定循环的程序格式包括数据形式、返回点平面、加工方式和循环次数。（　）

33．G81钻孔加工循环指令格式为：G81 X_ Y_ Z_ F_ R_。（　）

34．G73与G81的主要区别是：由于是深孔加工，采用间歇进给（分多次进给），有利于排屑。（　）

35．G84为攻螺纹循环，攻螺纹进给时主轴正转，退出时主轴反转。（　）

36．镗孔循环指令G89与G85的区别是：G89在到达孔底位置后，加进给暂停。

37．M00指令功能是程序停止。当运行该指令时，机床的主轴、进给及切削液不停止。（　）

38．M01指令功能是选择停止，和M00指令基本一样。该指令常用于工件关键尺寸的停机抽样检查等情况。当检查完后，按“启动”键将继续执行以后的程序。（　）

39．S代码用于换刀，T代码用于控制机床各种功能的开关，M代码用于主轴控制。（　）

40．程序段N1G90 G92 X0 Y0 Z50的含义是：建立工件坐标系，增量坐标编程。（　）

41．程序段N5G03 X35 Y40 I－5 J0 F100；是用圆心坐标I、J编程。（　）

42．在CNC中，插补运算主要是靠软件来实现的。（　）

43．数控机床的控制系统主要进行的是位置控制，即控制刀具的切削位置。（　）

44．基点就是构成零件轮廓的各相邻几何元素之间的交点或切点，如两直线的交点、直线与圆弧的交点或切点、圆弧与二次曲线的交点或切点等。（　）

45．节点是在满足允差要求条件下，用手工计算去逼近实际轮廓曲线时，相邻两插补线段的交点。（　）

46．刀具中心位置点，是相对于每个切削点刀具中心所处的位置。（　）

47．对于没有刀具偏置功能的数控系统，应计算出相对于基点和节点的刀具中心位置轨迹。（　）

48．两直线的交点、直线与圆弧的交点或切点属于节点。（　）

49. 非圆曲线又可分为可用方程表达的曲线和椭圆曲线两类。（　）

50. 直线逼近法中用得较多的是切线法。（　）

51. 可以在补偿运行过程中变换刀补号 D。刀补号变换后，在新刀补程序段中，新刀具半径生效。（　）

52. 建立补偿的程序段，必须是在补偿平面内不为零地直线移动，一般应在切入工件之前完成。撤销补偿的程序段一般应在切出工件之后完成。（　）

53. 使用镜像指令后，必须用 M29 进行取消，以免影响后面的程序。（　）

54. 当同时对 X 轴和 Y 轴进行镜像时，走刀顺序、刀补方向、圆弧插补转向均相反。（　）

55. 一旦使用了 G92 设定坐标系，再使用 G54 ~ G59 不起任何作用，除非断电重新启动系统，或接着用 G92 设定所需新的工件坐标系。（　）

56. 轮廓是一系列首尾相接曲线的集合，轮廓类型包括开轮廓、闭轮廓、有自交点的轮廓。（　）

57. GOO 和 G01 的运行轨迹不一定全部一样，但速度可能一样。（　）

58. 当用 G02/G03 指令，对被加工零件进行圆弧编程时，圆心坐标 I、J、K 为圆弧中心到圆弧起点所作矢量分别在 X、Y、Z 坐标轴方向上的分矢量（矢量方向指向圆心）。（　）

59. 内轮廓加工中，在 G41 或 G42 的起始程序中刀具可以拐小于 90°的棱角。（　）

60. 交互式图形自动编程是以 CAD 为基础，采用编程语言自动给定加工参数与路线，完成零件加工编程的一种智能化编程方式。（　）

61. FANUC 系统中，G84 螺纹循环加工指令中，F 值是每分钟进给指令。（　）

62. 由外轮廓和岛共同指定加工的区域，外轮廓用来界定加工区域的外部边界，岛用来屏蔽其内部不需加工或需保护的部分。（　）

63. 行间连接速度一般大于进给速度。（　）

64. 起止高度是指进退刀时刀具的初始高度。起止高度应大于安全高度。（　）

65. 行距是指加工轨迹相邻两行刀具轨迹之间的距离。（　）

66. 在用球刀行切时，由于行距造成两刀之间一些材料未被切削，这些材料距切削面的高度即为残留高度。（　）

67. CAXA 制造工程师软件在进行模拟加工时，生成的刀位行数称为刀次。（　）

68. 当曲面形状复杂有起伏时，建议使用立铣刀，适当调整加工参数可以达到良好的加工效果。（　）

69. 在两轴加工中，对于直线和圆弧的 CAM 加工存在加工误差。（　）

70. 步长用来控制刀具步进方向上每两个刀位点之间的距离。（ ）

71. 平面区域加工参数包括走刀方式、拐角过渡方式、拔模基准、加工参数、区域内抬刀、轮廓参数、岛参数、标识钻孔点 8 项，每一项中又有其各自的参数。（ ）

72. 环切加工是刀具以环状走刀方式切削工件。可选择从里向外或从外向里的方式。（ ）

73. 拐角过渡就是在切削过程中遇到拐角时的处理方式，有以下两种情况：直线过渡和圆弧过渡。（ ）

74. 草图是为特征造型准备的一个平面封闭图形，也称为轮廓。（ ）

75. CAXA 制造工程师软件中实体线也称为相关线。（ ）

76. 在 CAXA 制造工程师软件中，调节仿真加工的速度，可以随意放大、缩小、旋转，以便于观察细节内容。（ ）

77. 在 CAXA 制造工程师软件中，参数线精加工属于两轴加工。（ ）

78. 在 CAXA 制造工程师软件中，生成边界面所拾取的三条（四条）曲线必须首尾相连成封闭环。（ ）

79. CAXA 制造工程师软件可以通过实体图像动态模拟加工过程，显示加工轨迹。（ ）

80. CAXA 制造工程师软件的导航树——特征树，记录基准面、草图和实体特征的创建过程和参数。（ ）

81. 正交线可以画任意方向的直线，包括正交的直线。（ ）

82. CAXA 的旋转面选择方向时的箭头方向与曲面旋转方向两者遵循左手螺旋法则。（ ）

83. 扫描面起始距离是指生成曲面的起始位置与曲线平面沿扫描方向上的间距。（ ）

84. 扫描面扫描角度是指生成的曲面母线与扫描方向的夹角。（ ）

85. 导动曲线、截面曲线应当是光滑曲线。（ ）

86. 在 CAXA 中进行“双面拉伸”时，拔模斜度可用。（ ）

87. CAXA 的草图中隐藏的线不能参与特征拉伸。（ ）

88. CAXA 的旋转增料是通过围绕一条空间直线旋转一个或多个封闭轮廓，增加生成一个特征。（ ）

89. CAXA 中的轴线是空间曲线，需要退出草图状态后绘制。（ ）

90. CAXA 中的导动增料是将某一截面曲线或轮廓线沿着另外一条轨迹线运动生成一个特征实体。（ ）

参考答案及说明

一、单项选择题（请将正确答案的代号填在括号中。）

1. C　2. C　3. B　4. A　5. B　6. B　7. D　8. D　9. D
10. C　11. B　12. A　13. A　14. B　15. A　16. C　17. B　18. B
19. B　20. A　21. A　22. C　23. B　24. C　25. C　26. A　27. B
28. A　29. C　30. A　31. A　32. B　33. A　34. C　35. C　36. C
37. C　38. A　39. D　40. A　41. B　42. C　43. D　44. A　45. B
46. D　47. C　48. A　49. B　50. D　51. C　52. D　53. B　54. B
55. C　56. C　57. B　58. A　59. B　60. C　61. A　62. D　63. C
64. B　65. D　66. D　67. B　68. A　69. A　70. B　71. C　72. A
73. A　74. C　75. A　76. C　77. C　78. A　79. A　80. C　81. A
82. B　83. B　84. D　85. C　86. A　87. B　88. A　89. A　90. D
91. C　92. A　93. D　94. B　95. B　96. A　97. A　98. B　99. C
100. C　101. D

二、判断题（下列判断正确的请打“√”，错误的请打“×”。）

1. √。

2. ×。钟面千分表测杆与被测表面必须垂直，否则会产生测量误差。

3. ×。切削铜合金不使用含硫的切削液。

4. √。

5. √。

6. ×。在 CA6140 型卧式车床上车削普通螺纹时，交换齿轮传动比是 63∶75。

7. √。

8. ×。顺时针圆弧插补（G02）和逆时针圆弧插补（G03）的判别方法是：沿着 Y 轴负方向向正方向看去，顺时针方向为 G02，逆时针方向为 G03。

9. ×。数控铣床加工时保持实时切削位置的切削线速度不变的功能称为恒线速度控制。

10. ×。数控机床以 NC 代码作为数控语言。

11. √。

12. ×。塞规的通端（GO）直径小于不通端（NO GO）。

13. ×。程序中采用刀具长度补正的好处是使每一把刀加工出来的深度都正确。

14. ×。使用刀具半径补正 G41、G42 指令，考虑内侧角隅。

15. ×。G23 指令为取消机床电器第二种行程限制区。

16. ×。执行单节跳跃（BLOCK SKIP），不需配合面板开关。

17. ×。G92 的坐标原点与机械原点无关。

18. √。

19. ×。G04 P1 此单节是正确的写法。

20. √。

21. √。

22. √。

23. √。

24. √。

25. √。

26. ×。CAXA 制造工程师软件中，干涉现象对刀具轨迹有影响。

27. ×。CAXA 制造工程师软件中，数控加工仿真软件不需独立安装。

28. ×。CAXA 制造工程师软件中，在一定条件下，切削用量中机床的“主轴转速”设置得越高越好，这样机床可以走刀更快些。

29. ×。M30 是程序结束指令，执行时使主轴、进给及切削液全部停止，并使系统复位。M30 指令还兼有使程序重新开始的作用。

30. √。

31. √。

32. ×。孔加工固定循环的程序格式包括数据形式、返回点平面、孔加工方式、孔位置数据、孔加工数据和循环次数。

33. √。

34. √。

35. √。

36. √。

37. ×。M00 指令功能是程序停止。当运行该指令时，机床的主轴、进给及切削液停止，而全部现存的模态信息保持不变。

38. ×。M01 指令功能是选择停止，和 M00 指令相似，所不同的是：只有在面板上“选择停止”按钮被按下时，M01 才有效，否则机床仍继续执行后续的程序段。该指令常用于工件关键尺寸的停机抽样检查等情况。当检查完后，按“启动”键将继续执行以后的程序。

39. ×。辅助功能 S 代码用于主轴控制，T 代码用于换刀，M 代码用于控制机床各种功能的开关。

40. ×。程序段 N1G90 G92 X0 Y0 Z50 的含义是：建立工件坐标系，绝对坐标编程。

41. √。

42. √。

43. √。

44. √。

45. ×。节点是在满足允差要求条件下，用若干插补线段（如直线段或圆弧段等）去逼近实际轮廓曲线时，相邻两插补线段的交点。

46. √。

47. √。

48. ×。两直线的交点、直线与圆弧的交点或切点、圆弧与二次曲线的交点或切点都是基点。

49. ×。非圆曲线又可分为可用方程表达的曲线和列表曲线两类。

50. ×。直线逼近法中用得较多的是弦线法。

51. √。

52. √。

53. ×。使用镜像指令后，必须用 M23 进行取消，以免影响后面的程序。

54. ×。镜像加工指令为 M21、M22、M23。当只对 X 轴或 Y 轴进行镜像时，切削时的走刀顺序（顺铣与逆铣）、刀补方向、圆弧插补转向都会与实际程序相反，当同时对 X 轴和 Y 轴进行镜像时，走刀顺序、刀补方向、圆弧插补转向均不变。使用镜像指令后，必须用 M23 进行取消，以免影响后面的程序。在 G90 模式下，使用镜像或取消指令，都要回到工件坐标系原点。否则，数控系统无法计算后面的运动轨迹，会出现乱走刀现象。这时，必须进行手动原点复归操作予以解决。主轴转向不随镜像指令变化。

55. √。

56. ×。轮廓是一系列首尾相接曲线的集合，轮廓类型包括被加工的表面轮廓和毛坯轮廓。

57. ×。G00 和 G01 的运行轨迹不一定全部一样，速度也不一样。

58. √。

59. ×。内轮廓加工中，在 G41 或 G42 的起始程序中刀具必须为 90°角。

60. ×。交互式图形编程的实现是以 CAD 技术为前提，编程的核心是刀位点的计算。对于复杂零件，其数控加工刀位点的人工计算十分困难。而 CAD 三维造型包含了数控编程所需要的完整的零件表面几何信息，计算机软件可针对这些几何信息进行数控加工的刀位点自动计算。

61. ×。FANUC 系统中，G84 螺纹循环加工指令中，F 值是螺距。

62. √。

63. ×。行间连接速度是指由于在往复加工的加工方式中，顺、逆铣的变换会使机床的进给方向和吃刀量产生急剧变化，对机床及工件和刀具易造成损坏，为此须专门设定这种速度。此速度一般小于进给速度。

64. √。

65. √。

66. √。

67. √。

68. ×。当曲面形状复杂有起伏时，建议使用球刀，适当调整加工参数可以达到良好的加工效果。

69. ×。在两轴加工中，对于直线和圆弧的 CAM 加工不存在加工误差。

70. √。

71. √。

72. √。

73. ×。拐角过渡就是在切削过程中遇到拐角时的处理方式，有以下两种情况：尖角过渡和圆弧过渡。

74. √。

75. √。

76. ×。在 CAXA 制造工程师中，调节仿真加工的速度，不能随意放大、缩小、旋转。

77. ×。在 CAXA 制造工程师中，参数线精加工属于 3 轴加工。

78. √。

79. √。

80. √。

81. ×。正交线只能是当前坐标平面的水平或竖直线。

82. ×。旋转面选择方向时的箭头方向与曲面旋转方向两者遵循右手螺旋法则。

83. √。

84. √。

85. √。

86. ×。在 CAXA 中进行“双面拉伸”时，不能用拔模斜度。
87. √。
88. √。
89. √。
90. √。

第三章　数控铣床操作

考 核 要 点

理论知识考核范围	考核要点	重要程度
数控铣床及其操作面板	数控机床概述	掌握
	数控铣床的种类	了解
	数控铣床的简单结构	掌握
数控程序的输入与编辑	RS－232C 串行接口标准	掌握
数控铣床的坐标系及对刀方法	数控铣床坐标系的建立及建立坐标系的原则	掌握
	机床原点与机床坐标系	掌握
	程序原点与工件坐标系	掌握
	选定工件坐标系原点的原则	熟悉
数控程序的校验与运行	程序校验	掌握
	程序运行	掌握
数控系统参数的输入	显示参数	熟悉
	图形显示参数	熟悉
	公制/英制转换参数	掌握
	镜像功能参数	掌握
	输出/输入参数	掌握

辅导练习题

一、单项选择题（请将正确答案的代号填在括号中。）

1. 下列代号中，（　　）是柔性制造系统的代号。

A. CAD　　B. CAM　　C. FMS　　D. CAPP

2.（　　）是通过螺栓和压板对工件直接进行压紧。这种方法是加工中心常用的，在实际生产中应用最为广泛。

A. 压紧法　　B. 利用夹具定位

C. 挤推夹紧法　　D. 利用定位元件定位

3.（　　）适用于中、小型工件的单件小批量生产。

A. 压紧法　　B. 利用夹具定位

C. 挤推夹紧法　　D. 利用定位元件定位

4. 在下列（　　）情况下，不能执行P型重新启动。

A. 当电源打开时，还没有执行自动运行

B. 当急停解除后，还没有执行自动运行

C. 当坐标系被改变或平移后还没有执行自动运行（工件参考点外部偏移）

D. A、B、C都是

5. 用户宏程序就是（　　）。

A. 由准备功能指令编写的子程序，主程序需要时可使用呼叫子程序的方式随时调用

B. 使用宏指令编写的程序，程序中除使用常用准备功能指令外，还使用了用户宏指令实现变量运算、判断、转移等功能

C. 工件加工源程序，通过数控装置运算、判断处理后，转变成工件的加工程序，由主程序随时调用

D. 一种循环程序，可以反复使用许多次

6. 在主菜单选择【串口通讯】|【断点续传】，进入（　　）设置页面。

A. 手工断点续传　　B. 自动应答断点续传

C. 机床断电自动断点续传　　D. 手动应答断点续传

7.（　　）是在服务器端无人值守的状态下，由机床操作人员按照约定在机床上输入指令获取断点文件的方式。

A. 手工断点续传　　B. 自动应答断点续传

C. 机床断电自动断点续传　　D. 手动应答断点续传

8. DNC系统是指（　　）。

A. 自适应控制　　B. 计算机直接控制系统

C. 柔性制造系统　　D. 计算机数控系统

9. 数控机床每次接通电源后在运行前首先应做的是（　　）。

A. 给机床各部分加润滑油　　B. 检查刀具安装是否正确

C. 机床各坐标轴回参考点　　D. 工件是否安装正确

10. 程序编制中首件试切的作用是（　　）。

A. 检验零件图样的正确性

B. 检验零件工艺方案的正确性

C. 检验程序单的正确性，并检查是否满足加工精度要求

D. 检验数控程序的逻辑性

11. 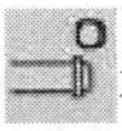 是（　　）键。

A. 手动主轴正转　　B. 手动主轴反转

C. 手动停止主轴　　D. 自动键

12.  ALTER 是（　　）键。

A. 上挡键　　B. 插入键　　C. 删除键　　D. 替换键

13. 下列四个功能键中设定刀具补偿的是（　　）。

A. POSITION　　B. PROGRAM　　C. OFFSET　　D. SETTING

14. 程序删除时，在操作面板上首先应按（　　）键。

A. DELET　　B. OFFSET　　C. INPUT　　D. CAN

15. 手工输入程序时，模式选择按钮应置于（　　）位置。

A. EDIT　　B. JOG　　C. MDI　　D. AUTO

16. 程序在自动操作模式时，启动开关是（　　）按钮。

A. START　　B. HOLD　　C. POWER　　D. RESET

17. 手动操作模式可作（　　）操作。

A. 单段　　B. 纸带

C. 主轴启动与停止及液压启动等　　D. 记忆

18. 自动运行中，倍率进给值一般范围为（　　）。

A. 0～120%　　B. 0～200%　　C. 0～300%　　D. 1%～100%

19. 在“机床锁定”方式下，进行自动运行，（　　）功能被锁定。

A. 进给　　B. 刀架转位　　C. 主轴　　D. 冷却

20. RESET 键是（　　）。

A. 复位键　　B. 刀具补偿键　　C. 游标指示键　　D. 删除键

21. 对于数控机床来说，一开机在 CRT 上显示“NOT READY”是表示（　　）。

A. 机床无法运转　　B. 伺服系统过负荷

C. 伺服系统过热　　D. 主轴过热

22. 在紧急状态下应按（　　）按钮。

A. FEED HOLD　　B. CYCLE START

C. DRY RUN　　D. EMERGENCY

23. 转动手摇脉冲发生器时，转速不可超过（　　），否则转动量与机床运动量会有一定的误差。

A. 5 r/s　　B. 50 r/s　　C. 5 r/min　　D. 50 r/min

24. 在 CRT/MDI 面板的功能键中，显示机床现在位置的键是（　　）。

A. POS　　B. PRGRM　　C. OFSET　　D. HOLD

25. 在 CRT/MDI 面板的功能键中，用于报警显示的键是（　　）。

A. DGNOS　　B. ALARM　　C. PARAM　　D. DWGER

26. 在机床各个坐标轴的最大行程处设置有限位挡铁，由行程限位开关和撞块构成的超程保护系统称为（　　）极限。

A. 高度　　B. 运动　　C. 硬　　D. 软

27. 当机床执行回零操作后，即 X、Y、Z 三轴返回参考点后，极限由 NC 直接监控各轴位置来实现，称为（　　）极限。

A. 软　　B. 硬　　C. 刀具　　D. 夹具

28. MACHINE LOCK——“机床（　　）”按钮。当此选择开关处于“开”的状态时，机床所有运动轴将被“锁住”，无轴向移动。

A. 保持　　B. 锁住　　C. 进给　　D. 自动

29. 所谓（　　）通信是指通信的发送方和接收方之间数据信息的传输是在单根数据线上，以每次一个二进制的 0、1 为最小单位进行传输。

A. 无线　　B. 串行　　C. 并行　　D. 传输

30. 如果 CNC 系统可实现一边接收程序一边进行 NC 加工，这就是所谓的 DNC（Direct Numerical Control），称为（　　）加工。

A. 切削　　B. 特种　　C. 在线　　D. 无线

31. 数控升降台铣床的拖板前后运动坐标轴是（　　）。

A. X 轴　　B. Y 轴　　C. Z 轴　　D. C 轴

32. 下列型号中（　　）是一台加工中心。

A. XK754　　B. XH764　　C. XK8140　　D. CKA6150

33. 数控机床主轴以 800 r/min 的转速正转时，其指令应是（　　）。

A. M03 S800　　B. M04 S800　　C. M05 S800　　D. M03 S80

34. 在“机床锁定”（FEED HOLD）方式下，进行自动运行，（　　）功能被锁定。

A. 进给　　B. 刀架转位　　C. 主轴　　D. 系统

35. 加工中心的刀具由（　　）管理。

A．可编程控制器　　　　B．刀库

C．压力装置　　　　D．自动解码器

36．加工中心的自动换刀装置由驱动机构、（　　）组成。

A．刀库和机械手　　　　B．刀库和控制系统

C．机械手和控制系统　　　　D．控制系统

37．数控机床加工调试中遇到问题想停机应先停止（　　）。

A．冷却液　　B．主运动　　C．辅助运动　　D．进给运动

38．采用杠杆百分表（或千分表）对刀，该方法只适合于对刀点是孔或圆柱的（　　）。

A．中心　　B．左端　　C．右端　　D．上面

39．通过光电式寻边器的指示和机床坐标位置可得到被测表面的（　　）位置。

A．左右　　B．相互　　C．坐标　　D．机械

40．*Z* 轴设定器主要用于确定工件坐标系原点在机床坐标系的（　　）轴坐标，或者说是确定刀具在机床坐标系中的高度。

A．*X*　　B．*Y*　　C．*C*　　D．*Z*

41．电子式 *Z* 轴设定器的外部是一个（　　），内部装有电子感应电路，当刀具和电子式 *Z* 轴设定器接触时，其上的指示灯亮。

A．圆柱　　B．圆锥　　C．量块　　D．直尺

42．是（　　）键。

A．编辑　　B．手动数据输入　　C．自动加工　　D．手动

43．刀具（　　）点是指刀具在机床上的位置。对于不同刀具，刀位点的选择不同。

A．刀位　　B．顶点　　C．原点　　D．工作

44．使用对刀（　　）对刀可避免测量时产生的误差，大大提高了对刀精度。

A．仪　　B．量块　　C．基准　　D．探头

45．在加工中心上加工以孔定位的工件时，可将孔的中心作为（　　）点。

A．基本　　B．对刀　　C．参考　　D．机械

46．程序（　　）结合机床配备的加工图形功能，可以更方便地检查程序是否正确合理。

A．MAI　　B．手动　　C．试运行　　D．自动运行

47．切削过程中应随时注意刀具的切削状况，如切屑的厚度、切削的声音、工件加工表面质量以及机床有无异常（　　）。

A. 反应　　B. 振动　　C. 现象　　D. 温度

48. (　　) 控制面板用于托盘控制等工作，紧急停止按钮可在出现紧急情况时停止加工中心的一切动作。

A. APC　　B. ATC　　C. MDI　　D. 机床

49. 交换工作台按照交换方式一般分为 (　　) 式和移动式两种。

A. 平行　　B. 链　　C. 盘　　D. 回转

50. 加工中心机床的托盘交换工作台能够 (　　) 调换工作托盘与备用托盘。

A. 自动　　B. 手动　　C. 程序　　D. 半自动

51. 加工中心的换刀机构，按照运动部件可以分为 (　　) 换刀和机械手换刀。

A. 系统　　B. 主轴　　C. 自动　　D. 手动

52. 加工中心的刀库主要有两种，一是 (　　) 式刀库，其容量较大；另一种是转盘式刀库，其容量较小。

A. 立　　B. 卧　　C. 转塔　　D. 链

53. 加工中心由于具有复杂的刀具系统，少则十几、二十几把，多则上百把刀具，因此，必须对刀具进行 (　　) 的管理，才能保证刀具的合理正确使用。

A. 现场　　B. 程序　　C. 有效　　D. 严格

54. 下列关于 G54 与 G92 指令说法中不正确的是 (　　)。

A. G54 与 G92 都是用于设定工件加工坐标系的

B. G92 是通过程序来设定加工坐标系的，G54 是通过 CRT/MDI 在设置参数方式下设定工件加工坐标系的

C. G92 所设定的加工坐标原点与当前刀具所在位置无关

D. G54 所设定的加工坐标原点与当前刀具所在位置无关

55. 加工中心的自动换刀装置由 (　　)、刀库和机械手组成。

A. 解码器、主轴　　B. 校正仪、控制系统

C. 测试系统、主轴　　D. 驱动机构

56. 在试切和加工中，刃磨刀具和更换刀具后 (　　)。

A. 一定要重新测量刀长并修改好刀补值

B. 不需要重新测量刀长

C. 可重新设定刀号

D. 不需要修改好刀补值

57. 使用半径补偿功能时，(　　) 可能会导致过切现象产生。

A. 程序复杂　　B. 程序简单

C. 加工半径小于刀具半径　　D. 刀具伸出过长

58. 常用地址符 H、D 的功能是（　　）。

A. 辅助功能　　B. 程序段序号

C. 主轴转速　　D. 偏置号

59. 为了使机床达到热平衡状态必须使机床运转（　　）以上。

A. 5 min　　B. 15 min 以上　　C. 3 min　　D. 1 min

60. 刀具长度偏置指令中，G43 表示（　　）。

A. 左向偏置　　B. 右向偏置

C. 正向偏置　　D. 负向偏置

61. 加工中心的自动换刀装置由（　　）、刀库和机械手组成。

A. 解码器、主轴　　C. 校正仪、控制系统

B. 测试系统、主轴　　D. 驱动机构

62. 端面多齿盘齿数为 72，则分度最小单位为（　　）度。

A. 72　　B. 64　　C. 55　　D. 5

二、判断题（下列判断正确的请打“√”，错误的请打“×”。）

1. 直线控制的特点只允许在机床的各个自然坐标轴上移动，在运动过程中进行加工。（　　）

2. 挤推法与压紧法的主要区别是，挤推法的夹紧力方向不完全垂直于主要定位面，而压紧法的夹紧力方向是垂直于主要定位面的。（　　）

3. 利用链、索拉紧法主要用于夹紧外形尺寸大而刚度差的薄壁圆形工件。（　　）

4. 利用 G50（或 G92）建立的坐标系是工件坐标系。（　　）

5. 为了减少误差，卧式加工中心采用测量法确定各个工件坐标系。（　　）

6. G10 为模态指令。（　　）

7. 在启动程序之前必须要调整好系统和机床，因而在此也必须注意机床生产厂家的安全说明。（　　）

8. FANUC 与 SIEMENS 系统有相同的程序段格式。（　　）

9. FEED HOLD——“运动暂停”按钮。（　　）

10. FEED RATE OVERRIDE——“回零”控制旋钮。（　　）

11. 所谓“工作方式”，指的是程序在机床不装载被加工件的条件下运转。（　　）

12. ALTER 含义是插入一个程序段。在程序库界面下则插入一个新程序。（　　）

13. CAN 含义是取消当前编辑的内容（从缓存中清除输入的内容）。（　　）

14. INPUT：用于参数、偏置数据等的输入。在 MDI 模式时，用于指令数据的输入。（　）

15. FANUC 系统手动进给倍率键，倍率分别为 1、10、100、1 000 倍。（　）

16. 回零的目的是确定工件和机床零点的相对位置。（　）

17. 机床解除紧急停止状态后、机床超程报警解除后无须进行回零操作。（　）

18. DELET——控制面板上的电源开关按钮。注意，此按钮仅为控制器的电源开关。机床本身有一个总电源开关，但不在控制面板上。（　）

19. 加工程序、参数、变量等都存在 CNC 装置内部的只读存储器中，这些内容会因为接通/断开电源而丢失，为了快速恢复数据，建议预先将各种数据复制留存。（　）

20. 机床急停按钮复位后需要继续加工前，机床必须重新返回参考点。（　）

21. 程序量超过数控机床内存容量的，可采用 DNC 方式边传输边加工。（　）

22. 串行通信的传输速度要比并行通信慢得多，但串行通信可显著降低通信线路的价格和简化设备。（　）

23. 常用的波特率为 300、600、1 200、2 400、4 800 和 9 600 等。（　）

24. 计算机和数控机床之间通过通信电缆进行连接，采用的是 30 针串行接口。（　）

25. 程序段的顺序号，根据数控系统的不同，在某些系统中可以省略的。（　）

26. 数控机床加工过程中可以根据需要改变主轴速度和进给速度。（　）

27. 采用“直接输入”法编程，要求程序员对于机床控制面板及其键盘按钮的操作相当熟练。（　）

28. 现代加工中心都具有 DNC（Direct Numerical Control）加工，即在线加工功能。（　）

29. Master CAM 软件中所带的 CIMCO Edit 是国内数控领域广泛使用的数控程序编辑和传输软件之一。（　）

30. 自动换刀装置的形式有回转刀架换刀、更换主轴换刀、更换主轴箱换刀、带刀库的自动换刀系统。（　）

31. 分布式数控系统其含义是用一台计算机可以同时控制几台数控机床。（　）

32. 对刀的目的是确定工件坐标系在机床坐标系中的偏置值。（　）

33. 手工试切对刀与建立工件坐标系适合于对刀精度高、对刀基准为零件的设计基准情况。（　）

34. 目前常用的寻边器有两种：偏心式寻边器和光电式寻边器。（　）

35. 偏心式寻边器可以在线检测零件的长度、孔的直径和沟槽的宽度。（　）

36. 用光电式寻边器来找正工件非常方便，寻边器可以内置电池，当其测头接触工件时，发光二极管亮，其重复定位精度在 20 μm 以内。（　）

37. 加工中心由于使用刀具较多，通常要求采用机外对刀仪实现对刀，这种方法对刀精度和效率高，便于工艺文件的编写及生产组织。（　）

38. *Z* 轴设定器有光电式和指针式等类型，通过光电指示或指针判断刀具与对刀器是否靠近，对刀精度一般可达 0.05 mm。（　）

39. 刀具长度偏置值和刀具半径补偿值由程序中的 M 或 P 代码指定，代码的值可以显示在屏幕上，并借助屏幕进行设定。（　）

40. “对刀点”就是刀具相对于机床夹具定位的起点。（　）

41. G52 指令是通过设定对刀点相对于工件坐标系原点的相对位置来建立单一工件坐标系的，并把这个相对位置的坐标值写在 G52 指令后。（　）

42. 常用的对刀方法有手动对刀、机内对刀、机外（对刀仪）对刀和自动对刀。（　）

43. 采用对刀仪对刀，成本高，换刀难，但占用机床的辅助时间少，精度高。（　）

44. 加工中心是一种多工序集中的数控机床。（　）

45. 偏心式寻边器可以在线检测零件的长度、孔的直径和沟槽的宽度。（　）

46. 圆柱铣刀的刀位点是刀具底面的外沿处。（　）

47. 要确定对刀点在工件坐标系中的起始位置，则需首先确定刀具长度。（　）

48. 为了提高被加工零件的精度，对刀点应尽量选在零件定位基准上。（　）

49. 对于手工编制的程序直接进行零件的加工是比较安全的。（　）

50. 程序试运行不应打开空运行键，使程序慢速运行。（　）

51. 在加工中心上检验程序一般通过机床闭锁、*Z* 轴闭锁、辅助功能闭锁等方式进行。（　）

52. 在机床闭锁功能有效的情况下，M、S、T 指令仍然能够执行。（　）

53. 程序跳跃键是程序运行时，程序段前面有跳跃符号“/”的程序将被忽略执行。（　）

54. 程序刚开始运行时，应选择单步方式，进给率修调旋钮选择较低的挡位，发现问题及时暂停加工。这样可以避免由于刀具或工件坐标系偏置数据的差错造成撞刀事故。（　）

55. 每台机床有一个参考点，根据需要也可以设置多个参考点，用于自动刀具交换“ATC”、自动拖盘交换“APC”等。（　）

56. 加工中心与数控铣床的主要区别在于其具有自动换刀功能。（　）

57. 自动托盘交换装置称为 ATC。 ( )

58. 对于盘式刀库来说，每次选刀运动或正转或反转都不会超过90°。 ( )

59. G92 指令一般放在程序第一段，该指令不引起机床动作。 ( )

参考答案及说明

一、单项选择题（请将正确答案的代号填在括号中。）

1. C	2. A	3. D	4. D	5. B	6. A	7. B	8. B	9. C
10. C	11. C	12. D	13. C	14. A	15. C	16. A	17. C	18. A
19. A	20. A	21. A	22. D	23. A	24. A	25. B	26. C	27. A
28. B	29. B	30. C	31. B	32. B	33. A	34. A	35. B	36. A
37. D	38. A	39. C	40. D	41. C	42. C	43. A	44. D	45. B
46. C	47. B	48. A	49. D	50. A	51. B	52. D	53. C	54. C
55. D	56. A	57. C	58. D	59. B	60. C	61. D	62. D	

二、判断题（下列判断正确的请打“√”，错误的请打“×”。）

1. √。

2. √。

3. √。

4. √。

5. ×。卧式加工中心如果全部采用测量法确定各个工件坐标系，不仅效率低，而且测量误差不可避免。

6. ×。G10 为非模态指令。

7. √。

8. ×。不同的数控系统往往有不同的程序段格式。

9. √

10. ×。FEED RATE OVERRIDE——“进给速度”人工控制旋钮。

11. ×。所谓“空运转”，指的是程序在机床不装载被加工件的条件下运转。此条件一般用于程序试运转（DEBUG）阶段。

12. ×。ALTER：覆盖当前光标处程序段。INSERT：插入一个程序段。在程序库界面下则插入一个新程序。

13. √。

14. √。

15. √。

16. ×。回零的目的是确定刀具和机床零点的相对位置，根据参考点可进行换刀和坐标值设定，手动返回参考点就是用操作面板上的开关或者按钮将刀具移动到机床参考点。

17. ×。机床解除紧急停止状态后、机床超程报警解除后、机床进行轴锁定并模拟空运行后也需要进行回零操作。

18. ×。POWER——控制面板上的电源开关按钮。注意，此按钮仅为控制器的电源开关。机床本身有一个总电源开关，但不在控制面板上。需将总开关接通后，控制器电源开关才能起作用。

19. ×。加工程序、参数、变量等都存在 CNC 装置内部的只读存储器中，通常这些内容不会因为接通/断开电源而丢失，但有可能由于发生错误的操作而删除了原先存在存储器中的数据。为了能快速恢复数据，建议预先将各种数据复制留存。

20. √。

21. √。

22. √。

23. √。

24. ×。计算机和数控机床之间通过通信电缆进行连接，采用的是 9 针串行接口或 25 针串行接口。

25. √。

26. √。

27. √。

28. ×。注意：不是所有的数控机床系统都支持在线加工功能，有一些系统只是先将接收的加工程序存储在系统内存里，而不能同时切削加工。因此，需要进行大程序加工的用户在购买数控机床时要特别注意。

29. √。

30. √。

31. √。

32. √。

33. ×。手工试切对刀一般适合于对刀精度要求不高、对刀基准为毛坯面的情况下，对刀时直接采用加工时所使用的刀具进行试切对刀。

34. √。

35. √。

36. √。

37. √。

38. ×。Z 轴设定器有光电式和指针式等类型，通过光电指示或指针判断刀具与对刀器是否接触，对刀精度一般可达 0.005 mm。

39. ×。刀具长度偏置值和刀具半径补偿值由程序中的 D 或 H 代码指定，D 或 H 代码的值可以显示在屏幕上，并借助屏幕进行设定。根据刀具的实际尺寸和位置，将刀具半径补偿值和刀具长度补偿值输入到与程序对应的存储位置。

40. ×。“对刀点”就是刀具相对于零件运动的起点。对刀点往往也是程序的起点，对刀点确定后，也就确定了机床坐标系和工件坐标系的关系。对刀点可选择在工件上，也可选在机床上或夹具上。对刀点必须与零件的定位基准有一定的尺寸关系，这样才能确定机床坐标系与工件坐标系的关系。

41. ×。G92 指令是通过设定对刀点相对于工件坐标系原点的相对位置来建立单一工件坐标系的，并把这个相对位置的坐标值写在 G92 指令后。

42. √。

43. √。

44. √。

45. √。

46. ×。圆柱铣刀的刀位点是刀具中心线与刀具底面的交点。

47. ×。要确定对刀点在工件坐标系中的起始位置，则需首先确定刀位点。刀具刀位点是指刀具在机床上的位置。对于不同刀具，刀位点的选择不同。例如，圆柱铣刀的刀位点是刀具中心线与刀具底面的交点；球头铣刀的刀位点是球头球心点或球头顶点；钻头的刀位点是钻头尖点。所谓对刀，实际上就是使“刀位点”和“对刀点”重合的操作。

48. ×。为了提高被加工零件的精度，对刀点应尽量选在设计基准或工艺基准上。

49. ×。对于一个首次运行的加工程序，直接进行零件的加工是很不安全的，特别是运行手工编制的程序。

50. ×。程序试运行还应打开空运行键，使程序以空运行的进给量（由机床的某一参数设置，如 1 500 mm/min）快速运行，而忽略执行程序中用户给定的进给量，从而缩短程序检查时间。

51. √。

52. √。

53. √。

54. √。

55. √。

56. √。

57. ×。自动托盘交换装置称为 APC。

58. ×。对于盘式刀库来说，每次选刀运动或正转或反转都不会超过 180°。

59. √。

第四章　零 件 加 工

考 核 要 点

理论知识考核范围	考核要点	重要程度
平面铣削的方法	铣削基本知识	掌握
	铣平面的方法	了解
	铣连接面	掌握
	铣斜面	熟悉
轮廓铣削的方法	轮廓铣削知识	掌握
	立铣刀侧刃的用法以及切削特点	掌握
简单曲面铣削方法	曲面铣削知识	掌握
	球头立铣刀的用法以及切削特点	掌握
钻孔的方法	孔的种类	掌握
	孔的工艺要求	掌握
	在数控铣床上钻孔	掌握
铰孔的方法	铰孔加工和铰刀	掌握
	手铰刀和机铰刀的结构	熟悉
	铰孔的方法	熟悉
镗孔的方法	镗孔的工艺特点	掌握
	镗刀与镗刀杆的结构	熟悉
槽和键槽的加工方法	键槽的知识	熟悉
	键槽铣刀的用法以及切削特点	掌握
	铣键槽时轴类工件的装夹方式	熟悉
零件的精度检验	轴类零件的测量	掌握
	套类零件的测量	掌握

辅导练习题

一、单项选择题（请将正确答案的代号填在括号中。）

1．用端面铣削的方法铣出的平面，其平面度主要决定于铣床主轴轴线与进给方向的

（　　）度。

A. 垂直　　B. 平行　　C. 同轴　　D. 对称

2. 用周边铣削的方法铣出的平面，其平面度主要决定于铣刀的（　　）度。

A. 圆　　B. 圆柱　　C. 平面　　D. 直线

3. 表面粗糙度是指加工表面上具有较小间距和峰谷所组成的（　　）几何形状特性。

A. 宏观　　B. 微观　　C. 近似　　D. 精确

4. 平面铣削的关键是选用合理的刀具和（　　）方式，零件找正装夹也非常重要。

A. 加工　　B. 操作　　C. 铣削　　D. 测量

5. 工件处在铣刀中间时的铣削称为（　　）铣削。

A. 圆周　　B. 端面　　C. 非对称　　D. 对称

6. 一般大面积铣削刀具路径有以下三种进给方式：（　　）进刀方式、周边进刀方式、平行进刀方式。

A. 环形　　B. 往返　　C. 交叉　　D. 对称

7. 平面铣削每次走刀宽度推荐为刀具直径的（　　），使接痕不影响精铣精度。

A. 50 %　　B. 60% ~90%　　C. 40%　　D. 20% ~35%

8. 平面铣削（　　）加工时，铣刀直径要选大些，最好能够包容加工面的整个宽度。

A. 粗　　B. 光整　　C. 精　　D. 切削

9. 在铣削加工中，采用顺铣还是逆铣方式是影响加工表面（　　）度的重要因素之一。

A. 精度　　B. 平面　　C. 直线　　D. 粗糙

10. 逆铣时，切削力的水平分力的方向与进给运动方向相反，工件进给方向与铣刀旋转方向（　　），切屑厚度开始由零逐渐增大，至切削终了达到最大。

A. 同向　　B. 相反　　C. 一样　　D. 以上都不对

11. 加工带台阶的大平面要用主偏角为（　　）的面铣刀。

A. 60°　　B. 120°　　C. 90°　　D. 180°

12. 曲面加工常采用（　　）铣刀。

A. 球头　　B. 立　　C. 环形　　D. 锥形

13. 对于铣削加工，起刀点和退刀点必须离开加工零件上表面一个（　　）高度，保证刀具在停止状态时，不与加工零件和夹具发生碰撞。

A. 测量　　B. 换刀　　C. 进刀　　D. 安全

14. 铣削封闭的内轮廓表面时，进退刀方式也有两种。一是刀具沿轮廓曲线的法向切入和切出，二是采用（　　）进刀、退刀方式。

A. 圆弧　　B. 斜向　　C. 直线　　D. 螺旋

15. 用轨迹法切削槽类零件时，槽两侧表面，(　　)。

A. 两面均为逆铣

B. 两面均为顺铣

C. 一面为顺铣、一面为逆铣，因此两侧质量不同

D. 一面为顺铣、一面为逆铣，但两侧质量相同

16. 对简单型腔类零件进行精加工时，(　　)。

A. 先加工底面，后加工侧面　　B. 先加工侧面，后加工底面

C. 只加工侧面，不用加工底面　　D. 只加工底面，不用加工侧面

17. 进行孔类零件加工时，钻孔—铣孔—倒角—精镗孔的方法适用于（　　）。

A. 低精度中、小孔　　B. 高精度孔

C. 小孔径的盲孔　　D. 较大孔径的平底孔

18. 曲面零件的编程方法通常有自动编程法（CAD/CAM 方法）、(　　) 法和手工编程法等。

A. 比较　　B. 宏程序　　C. 直线拟合　　D. 计算

19. 周铣时用（　　）方式进行铣削，铣刀的耐用度较高，获得加工面的表面粗糙度值也较小。

A. 顺铣　　B. 逆铣　　C. 平行　　D. 对称

20. 麻花钻有直柄和锥柄之分，直径为（　　）mm 以内的一般为直柄。

A. 11　　B. 13　　C. 10　　D. 30

21. 普通麻花钻靠外缘处前角为（　　）。

A. 负前角（-54°）　　B. 0°

C. 正前角（+30°）　　D. 45°

22. 修磨麻花钻横刃的目的是（　　）。

A. 缩短横刃，降低钻削力　　B. 减小横刃处前角

C. 增大或减小横刃处前角　　D. 增加横刃强度

23. 扩孔钻的切削刃要比麻花钻多，有（　　）条切削刃，故导向性好。

A. 两　　B. 6　　C. 5　　D. 3~4

24. 数控钻孔一般无钻模，钻孔刚度差，应使钻头直径 D 满足（　　）（L 为钻孔深度）。

A. $L/D \leqslant 5$　　B. $L/D \leqslant 6$　　C. $L/D \leqslant 8$　　D. $L/D \leqslant 4$

25. 可转位浅孔钻适合高速切削，切削速度在（　　）m/min 以上，生产效率比麻花钻

高3～5倍。

A. 60　　B. 80　　C. 50　　D. 40～60

26. 单刃镗刀是把类似于车刀的刀尖装在镗刀杆上而形成的。刀尖在刀杆上的安装位置有两种，刀头垂直于镗杆轴线安装，适于加工（　　）孔。

A. 盲　　B. 阶台　　C. 通　　D. 深

27. 双刃镗刀常用的有定装式、机夹式和（　　）式三种。

A. 固定　　B. 焊接　　C. 整体　　D. 浮动

28. （　　）的定位方法，常用于箱体、盖板、杠杆等零件的加工。

A. 一面两销　　B. V形架　　C. 专用夹具　　D. 两面一销

29. 对直径小的键槽铣刀（如直径小于6 mm），为避免让刀和折断，可采用（　　）铣削法。

A. 平行　　B. 分层　　C. 垂直　　D. 螺旋

30. 游标有50格刻线，与主尺49格刻线宽度相同，则此卡尺的最小读数是（　　）。

A. 0.1 mm　　B. 2 cm　　C. 0.02 mm　　D. 0.4 mm

31. 内径千分尺测量孔径时，应直到在轴向找出（　　）为止，得出准确的测量结果。

A. 最小值　　B. 平均值　　C. 最大值　　D. 极限值

32. 对于百分表，使用不当的是（　　）。

A. 量杆与被测表面垂直

B. 测量圆柱形工件时，量杆的轴线应与工件轴线方向一致

C. 使用时应将百分表可靠地固定在表座或支架上

D. 可以用来作绝对测量或相对测量

33. 万能工具显微镜是采用（　　）原理来测量的。

A. 光学　　B. 电学　　C. 游标　　D. 螺旋副运动

34. 在转台式圆度仪的结构中（　　）。

A. 没有定位尺　　B. 有透镜、屏幕

C. 有触头、立柱　　D. 没有测头臂

35. 外径千分尺分度值一般为（　　）。

A. 0.6 mm　　B. 0.8 cm　　C. 0.01 mm　　D. 0.7 cm

36. 可选用（　　）来测量孔内径是否合格。

A. 水平仪　　B. 圆规　　C. 内径千分尺　　D. 杠杆百分表

37. 可选用（　　）来测量工件凸肩厚度是否合格。

A. 水平仪　　B. 圆规　　C. 外径千分尺　　D. 杠杆百分表

38. 测量孔的深度时，应选用（　　）。

A. 正弦规　　B. 深度千分尺　　C. 三角板　　D. 块规

39. 测量轴径时，应选用（　　）。

A. 内径余弦规　　B. 万能工具显微镜

C. 内径三角板　　D. 块规

40. 测量凸轮坐标尺寸时，应选用（　　）。

A. 正弦规　　B. 万能工具显微镜

C. 三角板　　D. 量块

41. 可选用（　　）来测量孔心距是否合格。

A. 游标卡尺　　B. 万能工具显微镜

C. 杠杆百分表　　D. 内径塞规

42. 外径千分尺的读数方法是（　　）。

A. 先读小数、再读整数，把两次读数相减，就是被测尺寸

B. 先读整数、再读小数，把两次读数相加，就是被测尺寸

C. 读出小数，就可以知道被测尺寸

D. 读出整数，就可以知道被测尺寸

43. 表面粗糙度测量仪可以测（　　）值。

A. *Ro*　　B. *Rp*　　C. *Rz*　　D. *Ry*

44. 三坐标测量机是一种高效精密测量仪器，其测量结果（　　）。

A. 只显示在屏幕上，无法打印输出　　B. 只能存储，无法打印输出

C. 可绘制出图形或打印输出　　D. 既不能打印输出，也不能绘制出图形

45. 对于内径千分尺的使用方法描述正确的是（　　）。

A. 测量孔径时，固定测头要在被测孔壁上左右移动

B. 使用前应检查零位

C. 可以把内径千分尺用力压进被测件内

D. 接长杆数量越多越好，可减少累积误差

46. 三坐标测量机基本结构主要由传感器、（　　）组成。

A. 编码器、双向目镜、数据处理系统四大部分

B. 放大器、反射灯三大部分

C. 机床、数据处理系统三大部分

D. 驱动箱两大部分

47. 标注形位公差时箭头（　　）。

A. 要指向被测要素　　B. 要指向基准要素
C. 必须与尺寸线错开　　D. 都要与尺寸线对齐

48. 量块组合使用时，块数一般不超过（　　）块。
A. 13～14　　B. 4～5　　C. 15～16　　D. 6～7

49. 在 G43 G01 Z15.0 H15 语句中，H15 表示（　　）。
A. Z 轴的位置是 15　　B. 刀具表的地址是 15
C. 长度补偿值是 15　　D. 半径补偿值是 15

50. 欲加工 ϕ6H7 深 30 mm 的孔，合理的用刀顺序应该是（　　）。
A. ϕ2.0 麻花钻、ϕ5.0 麻花钻、ϕ6.0 微调精镗刀
B. ϕ2.0 中心钻、ϕ5.0 麻花钻、ϕ6H7 精铰刀
C. ϕ2.0 中心钻、ϕ5.8 麻花钻、ϕ6H7 精铰刀
D. ϕ1.0 麻花钻、ϕ5.0 麻花钻、ϕ6.0H7 麻花钻

51. 复杂曲面加工过程中往往通过改变（　　）来避免刀具、工件、夹具和机床间的干涉和优化数控程序。
A. 距离　　B. 角度　　C. 矢量　　D. 方向

52. 组合机床工作一段时间后，就不可避免地出现（　　）等缺陷，直线度或平行度误差是影响刀具直线运动的关键，其表现为运动部件间隙过大或过松，机床振动或爬行，压板、楔铁、挡块失调或磨损引起导向精度下降。
A. 主轴磨损间隙过大　　B. 刀具磨损
C. 导轨磨损及弯曲变形　　D. 同轴度误差过大

53. 在运行过程中，机床出现“振动”的异常现象，经分析（　　）不是引起该故障的原因。
A. 进给速度太高或进给轴电动机缺相
B. 速度控制信号或测速信号不正常
C. 反向间隙太大或伺服系统增益过大
D. 传动链机械卡死

54. GSK990 系统中，可按下（　　）键使程序运行但机床不移动来检查语法有否出错。
A. 空运行　　B. 机床锁住　　C. 辅助锁住　　D. 进给保持

55. 应用插补原理的方法有多种，如（　　）法、数字积分法及单步追踪法等。
A. 逐点比较　　B. 三角函数　　C. 平面几何　　D. 作图

56. 程序编制中首件试切的作用是（　　）。

A. 检验零件图设计的正确性

B. 检验零件工艺方案的正确性

C. 检验程序单的正确性，综合检验所加工零件是否符合图样要求

D. 仅检验程序单的正确性

57. 具有自保持功能的指令称为（　　）指令。

A. 模态　　B. 非模态

C. 初始态　　D. 临时返回机床参考点

58. 循环启动键（　　），是程序开始执行的指令，在自动方式下，加工工件的程序开始时，按此键，返回机床参考点的精定位时也必须按此键，但必须注意，安全防护门要关闭，报警要消除。

A. FEED HOLD　B. RES　C. MAN　D. CYCLE START

59. 选择与应用 ISO9000 族标准最重要的原则是（　　）。

A. 适应性原则　　B. 目标性原则

C. 整体优化原则　　D. 适应性、目标性原则

60. 加工中心进行单段试切时，必须使倍率开关打到（　　）。

A. 最高挡　B. 最低挡　C. 中挡　D. 空挡

61. 数控加工程序校验包括对加工程序单的填写、控制介质的制备、刀具运动轨迹及（　　）。

A. 首件试切　B. 模拟加工　C. 仿真处理　D. 空运行

62. 利用（　　）消除计算机病毒是目前较为流行的方法，也是比较好的方法，既方便，又安全。

A. 手动方法　B. 离线方法　C. 软件方法　D. 硬件方法

63. 六个工件坐标系程序零点的位置可直接在 CRT/MDI 操作面板上用（　　）键来设定，即将程序零点相对于机床坐标系的坐标值置入相应项中即可。

A. INPUT　B. OFSET　C. RESET　D. PRGRM

64. 接触器自锁控制线路中，自锁触头并联在（　　）两端，起到自锁作用。

A. 制动触头　B. 开停开关　C. 限位触头　D. 启动按钮

65. 某系统在（　　）处拾取反馈信息，该系统属于闭环伺服系统。

A. 校正仪　B. 角度控制器　C. 旋转仪　D. 工作台

二、判断题（下列判断正确的请打“√”，错误的请打“×”。）

1. 端面铣削是指用铣刀端面齿刃进行的铣削，是利用分布在铣刀端面上的刀刃来加工平面的。（　　）

2. 周边铣削是指用铣刀周边齿刃进行的铣削，是利用分布在铣刀圆柱面上的刀刃来铣削并形成平面的。（　）

3. 端面铣削时，由于端铣刀刀杆长，刚度差，刀片装夹方便，适用于进行中速铣削和强力铣削。（　）

4. 工件处在铣刀中间时的铣削称为对称铣削。（　）

5. 平面度是指平面的平整程度。（　）

6. 工件的铣削层宽度偏向铣刀一边时的铣削称为对称铣削。（　）

7. 对于要求精度较高的大型平面，一般采用环形进刀方式。（　）

8. 平面铣削时，加工余量大又不均匀时，铣刀直径要选小些。（　）

9. 在实际工作中，平面的半精加工和精加工，一般用可转位球头铣刀，可以达到理想的表面加工质量，甚至可以实现以铣代磨。（　）

10. 在铣削轮廓表面时，一般采用立铣刀侧面刃口进行切削。（　）

11. 铣削加工时，一般优先推荐采用顺铣。（　）

12. 铣削平面轮廓曲线工件时，铣刀半径应小于工件轮廓的最小凹圆半径。（　）

13. 顺铣时，铣刀耐用度可比逆铣时提高 2 ~ 3 倍，表面粗糙度值也可降低，但顺铣不宜用于铣削带硬皮的工件。（　）

14. 型腔粗加工方式一般采用从四周向中心收缩的方式。（　）

15. 球头立铣刀和 R 圆角立铣刀的有效刀刃角的范围大，理论上可达 270°。（　）

16. 球头立铣刀顶端点的切削速度较低。（　）

17. 当球头立铣刀的半径 R 较小时，刀具干涉的可能性就大。（　）

18. 平行度、对称度同属形状公差。（　）

19. 由于铰削余量较小，因此铰削速度和进给量对铰削质量没有影响。（　）

20. 在工件上既有平面需要加工，又有孔需要加工时，可采用先加工孔，后加工平面的加工顺序。（　）

21. 宏编程就是指一段宏大的零件加工程序。（　）

22. 在精铣内外轮廓时，为改善表面粗糙度，应采用顺铣的进给路线加工方案。

（　）

23. SINUMERIK802D 数控系统 CYCLE84 指令是刚性攻螺纹加工循环。（　）

24. 中心钻是孔加工的定心、定位、引正刀具。（　）

25. 扩孔余量比钻孔要小，扩孔钻因无横刃，所以大大改善了切削条件。（　）

26. 锪钻用于加工沉头孔和端面凸台等。（　）

27. 可转位浅孔钻断屑好，切屑易排除；但只能钻孔用。（　）

28．加工中心广泛应用带正刃倾角的直刃铰刀。（　）

29．加工凸台和凹槽常用镶硬质合金刀片的圆柱铣刀、立铣刀、键槽铣刀。（　）

30．量块的主要用途之一是检定和校准各种长度测量器具。（　）

31．在使用量块组时，应尽可能减少量块的组合块数，一般不超过 4 ~ 5 块。（　）

32．百分表使用时测头与被测表面接触时，量杆应有 0.3 ~ 1 mm 的压缩量。（　）

33．百分表既可用作绝对测量，也可用作相对测量。（　）

34．球面检测方法有用样板检测内外球面、用内径量表检测内球面两种。（　）

35．为了避免出现呈三角形等直径的孔，最好用两爪内径千分尺检测。（　）

36．SINUMERIK 系统程序名称开始的两个符号必须是字母。（　）

37．粗齿铣刀有较大的容屑槽，因此多用于粗加工。（　）

38．在同样进给速度下，粗齿铣刀每齿切削负荷较密齿铣刀要小，精铣时的背吃刀量较大。（　）

39．对于锥孔规格较大、刚度较好的主轴，也可以用密齿铣刀进行粗铣。（　）

40．粗加工最好选用压制的刀片，这可使加工成本降低。（　）

41．压制刀片的尺寸精度及刃口锋利程度比磨制刀片差，但是压制刀片的刃口强度较好，粗加工时耐冲击并能承受较大的背吃刀量和进给量。（　）

42．铣刀的主偏角是指刀片中心和工件的加工表面之间的夹角。（　）

43．69°、75°的主偏角铣刀，主要用于冷硬铸铁和铸钢的表面精加工。（　）

44．45°主偏角的刀具为平面铣削的首选刀具，另外，还特别适合于铣削短切屑材料的工件。（　）

45．在卧式加工中心上进行大型平面铣削加工的关键是工件的装夹方式。（　）

46．模具加工过程中尽可能采用逆铣。（　）

47．模具毛坯粗加工时，高速钢刀具转速有限，应少用，多用盘刀、飞刀或合金刀。（　）

48．叶片的主要工作部分叶身是由复杂的自由曲面组成的，其截面线是复杂的自由曲线，采用常规的造型方法无法完成叶身的造型。目前，通常采用截面线放样的方法进行叶身曲面造型。（　）

49．螺纹铣削运动轨迹为一螺旋线，可通过数控机床的三轴联动来实现，为保证螺纹的加工质量，一般优先应采用 1/4 圆弧切入及圆弧切出。（　）

50．使用刚性攻螺纹时，由于加工中心的数控系统控制主轴的轴向进给，故丝锥本身不需负担控制任务。（　）

51．设计钻孔程序时，应考虑孔的加工精度要求。对于精度要求较高的孔加工，可以不

使用中心钻预钻。（　）

52. 对于工件上同轴度要求较高的对称孔，精镗孔时，应采用调头的形式镗两侧孔。（　）

53. 用球头铣刀加工曲面时，总是用刀心轨迹的数据进行编程。（　）

54. 攻螺纹夹头的基本原理就是利用浮动实现对机床实际运行导程与丝锥实际导程间的误差补偿。（　）

55. 外轮廓铣削加工时，刀具的切入与切出点应选在零件轮廓两几何元素的交点处。（　）

56. 数控机床精加工外轮廓时，铣刀的切入、切出点应选在沿轮廓曲线的延长线上。（　）

57. 曲面上的孔，除孔中心线垂直于曲面的孔外，其余孔均为斜孔。（　）

58. 铣削凸台、凹槽时，宜选用硬质合金刀片铣刀。（　）

59. 采用立铣刀加工内轮廓时，铣刀直径应小于或等于工件内轮廓最小曲率半径的两倍。（　）

60. 刀具前角越大，切屑越不易流出，切削力越大，但刀具的强度越高。（　）

61. 精加工铸铁时，可以选用金刚石刀具。（　）

62. 切削用量选择的顺序是：铣削速度、每齿进给量、铣削宽度，最后是铣削深度。（　）

63. 用键槽铣刀和立铣刀加工封闭沟槽时，均需事先钻好落刀孔。（　）

64. 高速钢与硬质合金相比，具有硬度较高、红硬性和耐磨性较好等优点。（　）

65. 在相同加工条件下，顺铣的表面质量和刀具耐用度都比逆铣高。（　）

66. 圆周铣削时的切削厚度是随时变化的，而端铣时切削厚度保持不变。（　）

67. 用端铣刀铣平面时，铣刀刀齿参差不齐，对铣出平面的平面度好坏没有影响。（　）

68. 精铣宜采用多齿铣刀以获得较理想的加工表面。（　）

69. 使用螺旋铣刀可减少切削阻力，且较不易产生振动。（　）

70. 在铣床上加工表面有硬皮的毛坯零件时，应采用顺铣方式。（　）

71. 当组成尺寸链的尺寸较多时，封闭环可有两个或两个以上。（　）

72. 封闭环的最小极限尺寸等于所有组成环的最小极限尺寸之差。（　）

73. 封闭环的公差值一定大于任何一个组成环的公差值。（　）

74. 在装配尺寸链中，封闭环是在装配过程中最后形成的一环，也即为装配的精度要求。（　）

75. 尺寸链增环增大，封闭环增大，减环减小，封闭环减小。（　）
76. 装配尺寸链每个独立尺寸的偏差都将影响装配精度。（　）
77. 测量所得的值即为零件的真值。（　）
78. 在测量零件的形位误差时，百分表的测杆应该与被测表面相垂直。（　）
79. 用内径百分表测孔径时所测的是零件的实际偏差。（　）

参考答案及说明

一、单项选择题（请将正确答案的代号填在括号中。）

1. A	2. A	3. B	4. C	5. D	6. A	7. B	8. C	9. D
10. B	11. C	12. A	13. D	14. A	15. C	16. A	17. D	18. B
19. A	20. B	21. C	22. A	23. D	24. A	25. B	26. C	27. D
28. A	29. B	30. C	31. C	32. B	33. A	34. C	35. C	36. C
37. C	38. B	39. B	40. B	41. B	42. B	43. C	44. C	45. B
46. C	47. A	48. B	49. B	50. C	51. B	52. C	53. C	54. B
55. A	56. C	57. A	58. D	59. C	60. B	61. A	62. C	63. B
64. D	65. D							

二、判断题（下列判断正确的请打“√”，错误的请打“×”。）

1. √。

2. √。

3. ×。端面铣削时，由于端铣刀刀杆短，刚度好，刀片装夹方便，尤其是可转位铣刀片，适用于进行高速铣削和强力铣削，能显著提高生产效率和减小表面粗糙度值。

4. √。

5. √。

6. ×。工件的铣削层宽度偏向铣刀一边时的铣削称为非对称铣削。

7. ×。对于要求精度较高的大型平面，一般都是采用单向平行进刀方式。

8. √。

9. ×。在实际工作中，平面的半精加工和精加工，一般用可转位密齿端面铣刀或立铣刀，可以达到理想的表面加工质量，甚至可以实现以铣代磨。

10. √。

11. √。

12. √。

13. √。

14. ×。型腔粗加工方式一般采用从中心向四周扩展的方式。

15. ×。球头立铣刀和R圆角立铣刀的有效刀刃角的范围大，理论上可达180°。

16. ×。球头立铣刀顶端点的切削速度为零。

17. ×。当球头立铣刀的半径 R 较小时，刀具干涉的可能性就小。

18. ×。平行度、对称度同属位置公差。

19. ×。由于铰削余量较小，因此铰削速度和进给量对铰削质量有影响。

20. ×。在工件上既有平面需要加工，又有孔需要加工时，应采用先加工平面，后加工孔的加工顺序。

21. ×。宏程序的编程加工，一般是采用厂方所提供的宏程序（或用户自行开发的宏程序），通过对变量进行赋值及处理后完成程序的加工任务。

22. √。

23. √。

24. √。

25. √。

26. √。

27. ×。可转位浅孔钻加工特点：适合高速切削，切削速度在80 m/min以上，生产效率比麻花钻高3～5倍；加工质量好，表面粗糙度值为 $Ra3.2 \sim 6.3$ μm；刀片可转位使用，节约辅助时间；断屑好，切屑易排除；不仅能钻孔，还可用作镗孔、锪孔用。

28. ×。加工中心广泛应用带负刃倾角的铰刀和螺旋齿铰刀。

29. ×。加工凸台和凹槽常用镶硬质合金刀片的端铣刀、立铣刀、键槽铣刀。

30. √。

31. √。

32. √。

33. √。

34. ×。球面检测方法有用套筒检测外球面、用样板检测内外球面、用内径量表检测内球面三种。

35. ×。检测孔的圆度，可用内径千分尺或内径量表，在孔周上测量各位置的直径，各位置间的差值即是孔的圆度误差。为了避免出现呈三角形等直径的孔，最好用三爪内径千分尺检测。精度高的孔，可用圆度仪检测。

36. √。

37. √。

38. ×。在同样进给速度下，粗齿铣刀每齿切削负荷较密齿铣刀要大，精铣时的背吃刀量较小。

39. √。

40. √。

41. √。

42. ×。铣刀的主偏角是指刀片刃口和工件的加工表面之间的夹角。

43. ×。69°、75°的主偏角铣刀，主要用于冷硬铸铁和铸钢的表面粗加工。

44. √。

45. √。

46. ×。模具加工过程中尽可能采用顺铣。

47. √。

48. √。

49. √。

50. √。

51. ×。对于精度要求较高的孔加工，必须使用中心钻预钻。

52. ×。调头形式镗孔，两孔存在误差，如同轴度要求较高的对称孔尽可能一次镗出，以保证同轴度要求。

53. √。

54. √。

55. ×。当零件轮廓有交点且交点处允许外延时，则切入和切出点选在零件轮廓两几何元素的交点处。

56. √。

57. ×。曲面上的孔，除中心线垂直相交于曲面体中心线的孔外，其余孔均为斜孔。

58. ×。铣削凸台、凹槽时，宜选用高速钢立铣刀。

59. √。

60. ×。刀具前角越大，切屑更容易流出，切削力明显减小，但刀具的强度降低。

61. ×。金刚石刀具多用于在高速下加工有色金属及非金属材料，不适合加工铸铁。

62. ×。切削用量选择的顺序是：铣削深度、每齿进给量，最后是铣削速度。

63. ×。键槽铣刀端刃过中心，可以轴向下刀，所以无须钻好落刀孔。

64. ×。硬质合金与高速钢相比，具有硬度较高、红硬性和耐磨性较好等优点。

65. √。

66. ×。圆周铣削时的切削厚度是随时变化的，而端铣时切削厚度变化很小。

67. √。

68. √。

69. √。

70. ×。在铣床上加工表面有硬皮的毛坯零件时，应采用逆铣方式。

71. ×。一个尺寸链中只有一个封闭环。

72. ×。封闭环的最小极限尺寸等于所有增环的最小极限尺寸之和减去所有减环的最大极限尺寸之和。

73. √。

74. √。

75. ×。尺寸链增环增大，封闭环增大，减环增大，封闭环减小。

76. √。

77. ×。测量所得到的值是与真值的比较过程。

78. √。

79. √。

第五章　数控铣床维护与故障诊断

考 核 要 点

理论知识考核范围	考核要点	重要程度
数控铣床的日常维护	数控铣床操作规程	掌握
	数控铣床日常保养	了解
数控铣床的故障诊断	数控系统报警信息内容	掌握
	数控铣床编程和操作故障诊断方法	掌握

辅导练习题

一、单项选择题（请将正确答案的代号填在括号中。）

1. 数控机床启动（　　），需确认护罩内或危险区域内均无任何人员或物品滞留。

A. 前　　B. 后　　C. 过程中　　D. 结束

2. 机床使用前先进行预热空运行，特别是主轴与三轴均以最高速率的50%运转（　　）min。

A. 5　　B. 10～20　　C. 3　　D. 30

3. 禁止将工具、工件、量具等随意放置在机床上，尤其是（　　）上。

A. 工具柜　　B. 地　　C. 工作台　　D. 桌

4. 执行自动程序指令时，（　　）任何人员随意切断电源或打开电器箱，使程序中止而产生危险。

A. 要求　　B. 告知　　C. 可以　　D. 禁止

5. 用（　　）方式往刀库上装刀时，要保证装到位，检查刀座锁紧是否牢靠。

A. 手动　　B. 自动　　C. 编辑　　D. 暂停

6. 除了系统参数、PLC程序、PLC报警文本，还有机床必须使用的宏指令程序、典型的零件程序、系统的功能检查程序都要进行（　　）。

A. 检测　　B. 备份　　C. 说明　　D. 试用

7. 机床四周应避免高频电动机、充电机、电焊机等作业，并且不可从机床的电器箱内提供其他用途的供电，以免干扰（　　）控制器工作。

A. APC　　B. CNC　　C. PLC　　D. MDA

8. 机床应避免处于有风沙吹袭、雨水、尘土及腐蚀性有机盐类的环境中或受阳光直接暴晒，控制环境条件为：室内温度（　　）℃，室内湿度40%～75%。

A. －5～5　　B. 20～45　　C. 0～35　　D. 25

9. 压缩空气压力一般控制为0.588～0.784 MPa，供应量（　　）L/min。

A. 80　　B. 120　　C. 100　　D. 200

10. 在一般情况下，即使电池尚未失效，也应（　　）更换一次，以确保系统能正常工作。

A. 每年　　B. 每月　　C. 每季度　　D. 每天

11. 超程分软件超程、硬件超程和（　　）保护三种。

A. 过载　　B. 急停　　C. 安全　　D. 自动

12. 当进给运动的负载过大、频繁正反向运动，以及进给传动润滑状态和过载检测电路不良时，都会引起（　　）报警。

A. 急停　　B. 紧急　　C. 过载　　D. 故障

13. 当伺服运动超过允许的误差范围时，数控系统就会产生（　　）误差过大报警，包括跟随误差、轮廓误差和定位误差等。

A. 形状　　B. 运动　　C. 机床　　D. 位置

14. 机床电流电压必须（　　）检查一次。

A. 每半年　　B. 每两年　　C. 每月　　D. 每三年

15. 下面四项中，（　　）是半年必须检查的项目。

A. 液压系统的压力　　B. 液压系统液压油

C. 液压系统油标　　D. 液压系统过滤器

16. 机床油压系统过高或过低可能是因为（　　）所造成的。

A. 油量不足　　B. 压力设定不当　　C. 油黏度过高　　D. 油中混有空气

17.（　　）可能是造成油泵不喷油现象的原因之一。

A. 油量不足　　B. 油中混有异物

C. 压力表损坏　　D. 压力设备设定不当

18.（　　）是造成机床无气压的主要原因之一。

A. 气泵不工作　　B. 气压设定不当　　C. 气压元器件漏气　　D. 压力表损坏

19.（　　）发生在启动加速段或低速进给时，一般是由进给传动链的润滑状态不良、伺服系统增益过低以及外加负载过大等因素所致。

A. 窜动 B. 径跳 C. 自锁 D. 爬行

20. 当伺服运动超过允许的误差范围时，数控系统就会产生（ ）误差过大报警，包括跟随误差、轮廓误差和定位误差等。

A. 原理 B. 运动 C. 位置 D. 加工

21.（ ）是当指令为零时，坐标轴仍在移动，从而造成误差。

A. 窜动 B. 漂移 C. 过载 D. 振动

22. 电池电压降低到监测电压以下，或在停电情况下拔下电池、电路断路或短路、电池电路接触不良等都会造成 RAM 得不到维持电压，从而使系统丢失（ ）和参数。

A. 主板 B. 硬件 C. 软件 D. 数据

23. 长期闲置不用的数控机床应（ ）开机，以防电池长期得不到充电，造成机床软件丢失。

A. 定期 B. 不用 C. 每天 D. 随时

24. 设定了重要参数（如伺服参数），系统进入保护状态，需要系统重新（ ），装载新参数。

A. 复位 B. 启动 C. 修正 D. 输入

25. 对机床进行参数、程序的输入，往往用到串行通信，利用（ ）接口将计算机或其他存储设备与机床连接起来。

A. RS269 B. 打印 C. RS232 D. 硬盘

26. 弱电部分主要是指 CNC 装置、（ ）控制器、CRT 显示器以及伺服单元、输入/输出装置等，该部分又有硬件故障与软件故障之分。

A. CAM B. 存储 C. APT D. PLC

27.（ ）故障通常是指只要满足一定的条件或超过某一设定的限度，工作中的数控机床必然会发生的故障。

A. 硬件 B. 系统 C. 软件 D. 电器

28.（ ）性故障通常是指数控机床在同样条件下工作时只偶然发生一两次的故障。

A. 随机 B. 系统 C. 部件 D. 特殊

29. 软件报警显示故障，通常是指在（ ）上显示出来的报警信号和报警信息。

A. PPT B. DOC C. CRT D. CAD

30. 现代的数控系统已经具备了较强的（ ）功能，能随时监视数控系统的硬件和软件的工作状况。

A. 检测 B. 控制 C. 处理 D. 自诊断

31. 机床安装到位后需要进行精度检查，首先要检查机床床身的（　　）和机床几何精度。

A. 水平　　B. 抗振　　C. 运动　　D. 外观

32. 对于高精度机床，水平仪读数不超过（　　）mm。

A. 0.04 mm/1 000　　B. 0.02 mm/1 000

C. 0.05 mm/1 000　　D. 0.02 mm/100

33. 大、中型机床床身大多是多点（　　）支承，为了不使床身产生额外的扭曲变形，要求在床身自由状态下调整水平，各支承垫铁全部起作用后，再压紧地脚螺栓。

A. 辅助　　B. 可调　　C. 垫铁　　D. 定位

34.（　　）主要用于检验各种机床及其他类型设备导轨的直线度和设备安装的水平位置、垂直位置。

A. 圆度仪　　B. 测微仪　　C. 正玄规　　D. 水平仪

35. 使用前，应先检查水平仪气泡（　　）是否正确。

A. 零位　　B. 大小　　C. 颜色　　D. 数量

36. 在 CRT/MDI 面板的功能键中，用于报警显示的键是（　　）。

A. DGNOS　　B. ALARM　　C. PARAM　　D. PRGRM

37. 提高机床动刚度的有效措施是（　　）。

A. 增大摩擦或增加切削液　　B. 减少切削液或增大偏斜度

C. 减少偏斜度　　D. 增大阻尼

38. 数控升降台铣床的拖板前后运动坐标轴是（　　）。

A. X 轴　　B. Y 轴　　C. Z 轴　　D. C 轴

39. 一般机床导轨的平行度误差为（　　）mm/1 000 mm。

A. 0.015 ~ 0.02　　B. 0.02 ~ 0.047

C. 0.02 ~ 0.05　　D. 0.04 ~ 0.06

40. 零件在加工过程中测量的方法称为（　　）测量。

A. 直接　　B. 接触　　C. 主动　　D. 被动

41. 假如出现"TOOL MAGAZINE ERROR"报警信息，数控机床发生问题的部分有可能是（　）。

A. 刀具参数表　　B. 伺服单元　　C. 刀库　　D. 主轴

42. 假如，当用计算机通过 RS232 接口向数控系统传输程序时，数控系统出现了"BAUD RATE ERROR RS232"的英文报警信息，最有可能的解决问题的方法是（　　）。

A. 改变计算机的传输速率使之与数控系统相匹配

B. 修改机床参数，打开 RS232 接口使之处于接收状态

C. 检查连接两端接口的传输电缆，使电缆两端接头的 2 和 3 端子连线交叉

D. 把一段程序分成若干小段，减少程序量，防止数控系统内存溢出

43. 进给系统的高速性也是评价高速机床性能的重要指标之一，对高速进给系统的要求是不仅能够达到高速运动，而且要求瞬时达到、瞬时准停等，所以要求具有（　　）。

A. 很大的加速度以及很高的定位精度

B. 很高的定位精度以及重复定位精度

C. 很大的加速度以及很高的重复定位精度

D. 很大的加速度以及准确可靠的制动力

44. 用 0.02 mm/m 精度的水平仪，检验数控铣床工作台面的安装水平时，若水平仪气泡向左偏 2 格时，则表示工作台面右端（　　）。

A. 高，其倾斜度为 4″　　B. 低，其倾斜度为 2″

C. 低，其倾斜度为 4″　　D. 低，其倾斜度为 8″

45. 数控机床的接地形式通常有（　　）。

A. 保护接地　　B. 工作接地　　C. 屏蔽接地　　D. 以上均有

46. 数控机床保护接地的目的是（　　）。

A. 保护人身安全　　B. 避免雷击

C. 防漏电和静电　　D. 以上均有

47. 高精度数控机床对工作环境的要求（　　）。

A. 20℃恒温　　B. 相对湿度小于 75%

C. 远离震源与高频干扰　　D. 以上均有

48. 可以快速提高维修人员技术水平的方法是（　　）。

A. 建立机床故障档案　　B. 预防性维护

C. 巡检指导　　D. 建立机床技术档案

49. 建立机床故障档案的好处是（　　）。

A. 有利于维修人员总结经验　　B. 提高故障分析能力

C. 提高重复故障的修理速度　　D. 以上均有

50. 建立机床故障档案的方法（　　）。

A. 记录故障现象　　B. 记录故障分析过程

C. 记录故障维修方法　　D. 以上均有

51. 影响数控机床液压系统稳定工作的因素有（　　）。

A. 液压箱内油位　B. 油温　　C. 油质及过滤器　　D. 以上因素均有

52. 从工作性能上看液压传动的优点有（　　）。

A. 比机械传动准确　　B. 速度、功率、转矩可无级调节

C. 传动效率高　　D. 传动效率低

53. 液压系统中的压力的大小取决于（　　）。

A. 外力　　B. 调压阀　　C. 液压泵　　D. 流量

54. 从工作性能上看机床液压传动的缺点是（　　）。

A. 调速范围小　　B. 换向慢　　C. 传动效率低　　D. 驱动力大

55. 气源一般经过（　　）三个装置后，供给机床使用。

A. 干燥、降温、过滤　　B. 干燥、调压、过滤

C. 过滤、调压、润滑　　D. 降温、调压、过滤

56. 长期闲置的数控机床电气保养方法是（　　）。

A. 密封保存　　B. 定期通电　　C. 恒温、恒湿　　D. 防潮、防尘

57. 数控机床日常维护中，下列哪些做法不正确？（　　）

A. 尽量少开电气控制柜门

B. 数控系统支持电池定期更换应在 CNC 系统断电的状态下进行

C. 数控系统长期闲置情况下，应该常给系统通电

D. 定期检验控制电气控制柜的散热通风装置的工作状况

58. 数控机床的急停电路包括（　　）。

A. 急停开关　　B. 行程限位开关

C. 主轴、伺服驱动报警　　D. 以上全包括

59. 数控机床工作时，当发生任何异常现象需要紧急处理时应启动（　　）。

A. 程序停止功能　　B. 暂停功能

C. 紧停功能　　D. 应急功能

60. 一般数控系统允许电压在额定值的（　　）之间波动。

A. ±10%　　B. 80%～120%　　C. 85%～110%　　D. 90%～120%

61. 故障维修的一般原则是：（　　）。

A. 先动后静　　B. 先内部后外部　　C. 先机械后电气　　D. 先特殊后一般

62. PLC 的一个工作周期内的工作过程分为输入处理、（　　）和输出处理三个阶段。

A. 程序编排　　B. 采样　　C. 程序处理　　D. 反馈

63. 半闭环伺服控制系统编码器无法检测（　　）的误差。

A. 齿形带与齿轮之间的误差　　B. 丝杠与电机轴之间的误差

C. 丝杠与丝杠母之间的传动误差　　D. 齿轮之间的传动误差

64. 数控机床半闭环控制系统的特点是（　　）。

A. 调试与维修方便、精度较高、稳定性好

B. 结构简单、维修方便、精度不高

C. 结构简单、价格低廉、精度差

D. 调试困难、精度很高

65. 闭环控制伺服进给系统的检测元件一般安装在（　　）。

A. 工作台上　　B. 丝杠一端　　C. 工件上　　D. 导轨上

66. 数控机床闭环进给伺服系统的检测元件是（　　）。

A. 角位移检测器　　B. 直线位移检测器

C. 角速度检测器　　D. 压力检测器

67. 测量与反馈装置的作用是为了（　　）。

A. 提高机床的安全性　　B. 提高机床的使用寿命

C. 提高机床的定位精度、加工精度　　D. 提高机床的灵活性

68. CNC 铣床伺服电动机出现过热产生报警，不可能的原因是（　　）。

A. 电动机过负载　　B. 电动机线圈绝缘不良

C. 未输入电机电源　　D. 频繁正、反转运动

69. CNC 铣床超行程产生错误信息，解决的方法为（　　）。

A. 重新开机　　B. 在自动方式下操作

C. 回机床零点　　D. 在手动方式下操作

70. 软件限位是由机床内部系统参数设定的，软件限位一般（　　）后才生效。

A. 重新启动　　B. 复位　　C. 返回基准点　　D. 按回车

71. 比较下列各检测元件，（　　）的测量精度最高。

A. 旋转变压器　　B. 磁栅　　C. 感应同步器　　D. 光栅

72. 一般而言，增大工艺系统的（　　）才能有效地降低振动强度。

A. 刚度　　B. 强度　　C. 精度　　D. 硬度

73. 伺服系统是指以机械（　　）作为控制对象的自控系统。

A. 位移　　B. 角度　　C. 位置或角度　　D. 速度

二. 判断题（下列判断正确的请打"√"，错误的请打"×"。）

1. 数控机床的反向间隙可用补偿来消除，因此对顺铣无明显影响。（　　）

2. 操作中程序若有错误，须选择编辑（EDIT）操作模式修改程序。（　　）

3. 一般 CNC 铣床在正常使用时，开机后的第一个步骤是各轴先行复归机械原点。（　　）

4. 故障发生时，可由屏幕的诊断画面得知警示（ALARM）信号。（　）

5. 各安全防护门未确定开关状态下，可以操作。（　）

6. 严禁戴手套操作机床，避免误触其他开关造成危险。（　）

7. 除了加工中心的日常维护外，操作者不必重视工具、刀具、量具的保养和正确使用。（　）

8. 应尽量少开数控柜和强电柜的门。（　）

9. CNC 装置通常允许电网电压在额定值的 -5% ~ +5% 的范围内波动。（　）

10. 电池的更换应在 CNC 装置断电状态下进行。（　）

11. 要经常给系统通电，防止受潮，保证电子元件性能的稳定。（　）

12. 爬行是发生在启动减速段或高速进给时。（　）

13. 系统设定的允差范围过小，伺服系统增益设置不当，都会引起系统误差。（　）

14. 反向间隙或伺服系统增益过小是在进给时出现窜动现象的原因。（　）

15. 数控系统至进给单元由速度控制信号控制。（　）

16. 系统设定的允差范围过小、伺服系统增益设置不当是数控系统产生位置误差的原因之一。（　）

17. 进给传动链累积误差过大、主轴箱垂直运动时平衡装置不稳是数控系统产生位置误差的原因之一。（　）

18. 参考点用的接近开关的位置不当可造成机床回参考点故障。（　）

19. 进给轴与伺服电动机之间的联轴器松动可造成机床回参考点故障。（　）

20. 在调试用户程序或修改机床参数时，操作者删除或更改了软件内容或参数，从而造成硬件故障。（　）

21. 在停电情况下拔下为 RAM 供电的电池，系统能够照常使用。（　）

22. 运行复杂程序或进行大量计算时，有时会造成系统死循环，引起系统中断，造成系统故障。（　）

23. 主轴不转，电动机转速异常或转速不稳定，是主轴单元故障的主要现象之一。（　）

24. 主轴有异常噪声或振动，主轴定位抖动属于机床硬件故障。（　）

25. 修改系统参数时，将写保护设置为 PWE =0。（　）

26. 数控机床的主机部分，主要包括机械、润滑、冷却、排屑、液压、气动与防护等装置。（　）

27. 电气故障分弱电故障和强电故障。（　）

28. 接插件与连接组件因疏忽未加锁定是系统故障。（　）

29. 印制电路板上的元件松动变形或焊点虚脱是系统故障。（　）

30. 机床通电后，在手动方式或自动方式运行时 X 轴出现爬行，无任何报警显示。（　）

31. 数控机床按发生故障的性质分为系统故障和随机性故障。（　）

32. 机械故障通常可通过细心维护保养、精心调整来解决。（　）

33. 小型机床床身为一体，刚度好，调整比较困难。（　）

34. 数控机床的几何精度综合反映机床的关键零部件组装后的运动误差。（　）

35. 主轴孔的径向圆跳动是普通立式加工中心几何精度检测的内容之一。（　）

36. 工作台面的平面度、各坐标方向移动的相互垂直度是普通立式加工中心几何精度检测的内容。（　）

37. 主轴沿 Z 坐标方向移动时主轴轴心线的平行度是普通立式加工中心几何精度检测的内容之一。（　）

38. 主轴回转轴心线对工作台面的垂直度、主轴箱在 Z 坐标方向移动时的直线度是普通立式加工中心几何精度检测的内容。（　）

39. 水平仪能用于小角度的测量和带有 R 形槽的工作面，并可检验微大倾角。（　）

40. 机床应安装在牢固的基础上，位置应靠近振源。（　）

41. 机床放置位置应保持干燥，避免潮湿和气流的影响；可以在阳光照射和热辐射下工作。（　）

42. 机床几何精度检测必须在地基及地脚螺栓的混凝土完全固化以后进行。（　）

43. 按数控系统操作面板上的 RESET 键后就能消除报警信息。（　）

44. 如发生机床不能正常返回机床原点的情况，则应调低环境湿度。（　）

45. 数控机床电气柜的空气交换部件应每季度清除积尘，以免温升过高产生故障。（　）

参考答案及说明

一、单项选择题（请将正确答案的代号填在括号中。）

1. A	2. B	3. C	4. D	5. A	6. A	7. B	8. C	9. D
10. A	11. C	12. C	13. D	14. C	15. B	16. B	17. A	18. A
19. D	20. C	21. B	22. C	23. A	24. B	25. C	26. D	27. B
28. A	29. C	30. D	31. A	32. B	33. C	34. D	35. A	36. B
37. D	38. B	39. B	40. C	41. C	42. A	43. A	44. D	45. D

46．D　47．D　48．A　49．D　50．D　51．D　52．B　53．A　54．C
55．C　56．B　57．B　58．D　59．C　60．C　61．C　62．C　63．C
64．A　65．A　66．B　67．C　68．C　69．D　70．A　71．D　72．A
73．C

二、判断题（下列判断正确的请打“√”，错误的请打“×”。）

1．×。

2．√。

3．√。

4．√。

5．×。各安全防护门未确定开关状态下，均禁止操作。

6．√。

7．×。除了加工中心的日常维护外，操作者还要重视工具、刀具、量具的保养和正确使用。

8．√。

9．×。CNC 装置通常允许电网电压在额定值的 -15% ~ +10% 的范围内波动。

10．×。电池的更换应在 CNC 装置通电状态下进行。

11．√。

12．×。爬行发生在启动加速段或低速进给时，一般是由进给传动链的润滑状态不良、伺服系统增益过低以及外加负载过大等因素所致。

13．×。当伺服运动超过允许的误差范围时，数控系统就会产生位置误差过大报警，包括跟随误差、轮廓误差和定位误差等。主要原因：系统设定的允差范围过小；伺服系统增益设置不当；位置检测装置有污染；进给传动链累积误差过大；主轴箱垂直运动时平衡装置不稳。

14．×。在进给时出现窜动现象，其原因是：测速信号不稳定；速度控制信号不稳定或受到干扰；接线端子接触不良；反向间隙或伺服系统增益过大。

15．×。数控系统至进给单元除了速度控制信号外，还有使能控制信号。使能信号是进给动作的前提。

16．√。

17．√。

18．√。

19．√。

20．×。在调试用户程序或修改机床参数时，操作者删除或更改了软件内容或参数，从而造成软件故障。

21. ×。在停电情况下拔下为 RAM 供电的电池、电池电路断路或短路、电池电路接触不良等都会造成 RAM 得不到维持电压，从而使系统丢失软件和参数。

22. ×。运行复杂程序或进行大量计算时，有时会造成系统死循环，引起系统中断，造成软件故障。

23. √。

24. √。

25. ×。修改系统参数时，将写保护设置为 PWE = 1。

26. √。

27. √。

28. ×。接插件与连接组件因疏忽未加锁定是随机性故障。

29. ×。随机性故障通常是指数控机床在同样条件下工作时只偶然发生一两次的故障。例如，接插件与连接组件因疏忽未加锁定，印制电路板上的元件松动变形或焊点虚脱，继电器触头、各类开关触头因污染锈蚀以及直流电动机电刷不良等造成的接触不可靠等。

30. √。

31. √。

32. √。

33. ×。小型机床床身为一体，刚度好，调整比较容易。

34. ×。数控机床的几何精度综合反映机床的关键零部件组装后的几何形状误差。

35. √。

36. √。

37. √。

38. √。

39. ×。水平仪能应用于小角度的测量和带有 V 形槽的工作面，还可测量圆柱工件的安装平行度，以及安装的水平度和垂直度，并可检验微小倾角。

40. ×。

41. ×。机床应安装在牢固的基础上，位置应远离振源；避免阳光照射和热辐射；机床放置位置应保持干燥，避免潮湿和气流的影响。

42. √。

43. ×。

44. ×。

45. ×。数控机床电气柜的空气交换部件应每周清除积尘，以免温升过高产生故障。

第二部分　操作技能鉴定指导

第一章　操作技能鉴定概要

考核内容结构表及说明

<table>
<tr><td colspan="2" rowspan="2">项目
级别</td><td colspan="5">技能要求</td><td rowspan="2">合计</td></tr>
<tr><td>加工准备</td><td>数控编程</td><td>数控铣床操作</td><td>零件加工</td><td>数控铣床的维护与故障诊断</td></tr>
<tr><td rowspan="4">中级</td><td>鉴定比重（%）</td><td>10</td><td>30</td><td>5</td><td>50</td><td>5</td><td>100</td></tr>
<tr><td>选考方式</td><td colspan="5">5 项综合组题</td><td></td></tr>
<tr><td>考核时间</td><td colspan="2">理论</td><td colspan="3">实操</td><td></td></tr>
<tr><td>考核形式</td><td colspan="2">120 min</td><td colspan="3">240 min</td><td></td></tr>
</table>

数控铣工职业考核内容结构表的说明如下。

（1）数控铣工技能考核内容结构表是依据《国家职业标准·控铣工》制定的。

（2）数控铣工技能考核内容结构表直观地反映了中级数控铣工操作技能试题库中各模块的内容，是中级数控铣工技能考核试卷的重要依据。

（3）数控铣工技能考核内容结构表列出了考核内容的整体结构，中级测量模块的名称及分布，并列出了各测量模块所占的比重、考核时间、配分、中级考核项目组合及方式。

（4）数控铣工技能考核内容结构表各模块下的具体内容见操作技能鉴定要素细目表。

（5）数控铣工技能考核内容层次结构表整体上可分为工艺准备、数控编程、加工操作、零件加工、维护与故障诊断五大部分。根据技能要求中的 5 项综合组题。考核中的工艺准备中制定工艺和数控编程是在现场操作技能考核的过程中进行笔试，待考核完毕后与考件一同交给考评员。

（6）数控铣工技能考核内容注重的是考生手工编程能力和数控铣工操作技能的熟练性，

要求考生根据考核形式中的平面加工、型腔加工、曲面加工、孔系加工、槽类加工零件的某两项试题图样，进行相应的工艺准备后，在工件加工过程中对数控车床进行熟练操作以及零件精度检验与误差分析的考核。因此，数控铣工技能考核内容结构表中的侧重点在零件编程与数控铣床的操作。

鉴定要素细目表及说明

考核要求与配分

一、考核要求

下面是对中级数控铣工“鉴定要素细目表”中各鉴定项目总的考核要求，目的是使考生了解每个鉴定点中各鉴定项目的考核要求。其中零件加工是对考生操作技能的考核要求。

1. 加工准备

序号	考核内容	考 核 要 求
1	读图与绘图	1. 能读懂中等复杂程度（如凸轮、壳体、板状、支架）的零件图 2. 能绘制有沟槽、台阶、斜面、曲面的简单零件图 3. 能读懂分度头尾架、弹簧夹头套筒、可转位铣刀结构等简单机构装配图
2	制定加工工艺	1. 能读懂复杂零件的铣削加工工艺文件 2. 能编制由直线、圆弧等构成的二维轮廓零件的铣削加工工艺文件
3	零件定位与装夹	1. 能使用铣削加工常用夹具（如压板、虎钳、平口钳等）装夹零件 2. 能够选择定位基准，并找正零件
4	刀具准备	1. 能根据铣削加工工艺文件选择、安装和调整数控铣床常用刀具 2. 能根据数控铣床特性、零件材料、加工精度、工作效率等选择刀具和刀具几何参数，并确定数控加工需要的切削参数和切削用量 3. 能够利用数控铣床的功能，借助通用量具或对刀仪测量刀具的半径及长度 4. 能选择、安装和使用刀柄 5. 能刃磨常用刀具

2．数控编程

序号	考核内容	考核要求
1	手工编程	1．能够使用 CAD/CAM 软件绘制简单零件图 2．能够利用 CAD/CAM 软件完成简单平面轮廓的铣削程序
2	计算机辅助编程	1．能按照操作规程启动及停止机床 2．能使用操作面板上的常用功能键（如回零、手动、MDI、修调等）

3．零件加工

考核内容		考核要求
数控铣床操作规范	输入程序	1．能够按照操作规程启动及停止机床 2．正确使用操作面板上的各功能键 3．能够使用操作面板手动输入加工程序及有关参数，并能够通过 RS232 进行程序的传输 4．能够进行程序的编辑、修改
	对刀	能够正确对刀，确定工件坐标系
	试运行	能使用程序试运行，分段运行；会使用手动数据输入（即“MDI”）功能
	简单零件加工	能够正确操作机床完成零件加工

4．设备的维护与故障诊断

（1）正确使用数控铣床及附件，了解数控铣床维护保养规范。

（2）能够读懂数控系统报警信息。

（3）能够发现数控铣床一般故障。

二、配分、评分标准

下面是对高级数控铣工“鉴定要素细目表”中各鉴定项目总的配分、评分标准，目的是使考生了解各鉴定项目配分与评分。

序号	考核内容		评分标准	配分
1	加工准备	读图与识图	正确分析考核图样	10
		工艺制定	切削加工工序制定合理流畅，方法正确	
		零件的定位与夹紧	夹具选用准确，定位、夹紧方法选择合理	
		刀具准备	正确合理选择、使用刀具与刀柄	

续表

序号	考核内容		评分标准	配分
2	数控编程		程序结构清晰，书写格式标准规范	25
3	数控铣床操作	输入程序	熟练使用数控铣床操作面板，能进行程序的编辑与修改	10
		对刀	能熟练进行试切对刀，能够使用机内对刀仪器，能正确修正刀具半径补偿参数	
		试运行	能使用程序试运行、分段运行；会使用手动数据输入（即“MDI”）功能	
		刀具管理	能熟练使用自动换刀装置，能够设置、选择刀库中的刀具	
4	零件加工		能熟练进行回零、点动、单步、自动等状态的操作。能够通过修正刀具补偿值和修正程序来减少加工误差	50
5	数控铣床的维护与故障诊断		正确使用数控铣床及附件，合理维护和保养数控铣床。合理选择、正确使用、合理维护和保养量具	5
合计				100

三、选择项目应考虑的因素

1. 材料选择中碳钢或锻钢。
2. 最大直径和长度尺寸应考虑机床型号限制。
3. 根据考核内容各鉴定站可结合生产选择考件。

四、数控铣工零件加工考核的技术要求

精度 项目	尺寸精度	表面粗糙度	形状位置精度
外端面	（1）尺寸公差等级达 IT7 级 （2）形位公差等级达 IT8 级	外表面 *Ra*3.2	
成形面	（1）尺寸公差等级达 IT8 （2）形位公差等级达 IT8 级	表面 *Ra*3.2	

续表

项目＼精度	尺寸精度	表面粗糙度	形状位置精度
孔	（1）尺寸公差等级达 IT7 （2）形位公差等级达 IT8 级	表面 *Ra*3.2	
槽或沟槽	（1）尺寸公差等级达 IT8 （2）形位公差等级达 IT8 级	表面 *Ra*3.2	
螺纹	螺距尺寸 IT10	表面 *Ra*3.2	
同轴度			公差等级 8 级
圆度			公差等级 8 级
圆柱度			公差等级 8 级
平行度			公差等级 8 级
直线度			公差等级 8 级

否定项：出现人身安全、机床重大安全故事，视为不及格。

第二章　操作技能模拟试题

【试题 1】十字槽底板

1. 准备要求

（1）安全文明生产准备

1）工作服、帽、鞋、防护镜穿戴整齐。

2）工位按“5S”或“6S”标准进行。

（2）机床设备准备

1）设备。数控铣床 XKA714。检查机床机、电、切削液、气压各部分安全可靠。

2）系统。FANUC 0i—M 系列或 SIEMENS802D、810D、828D。

说明：可结合实际情况，选择其他型号的数控铣床及数控系统。

（3）坯料准备

材料为 45 钢，毛坯的尺寸和形状如图 2—1 所示。

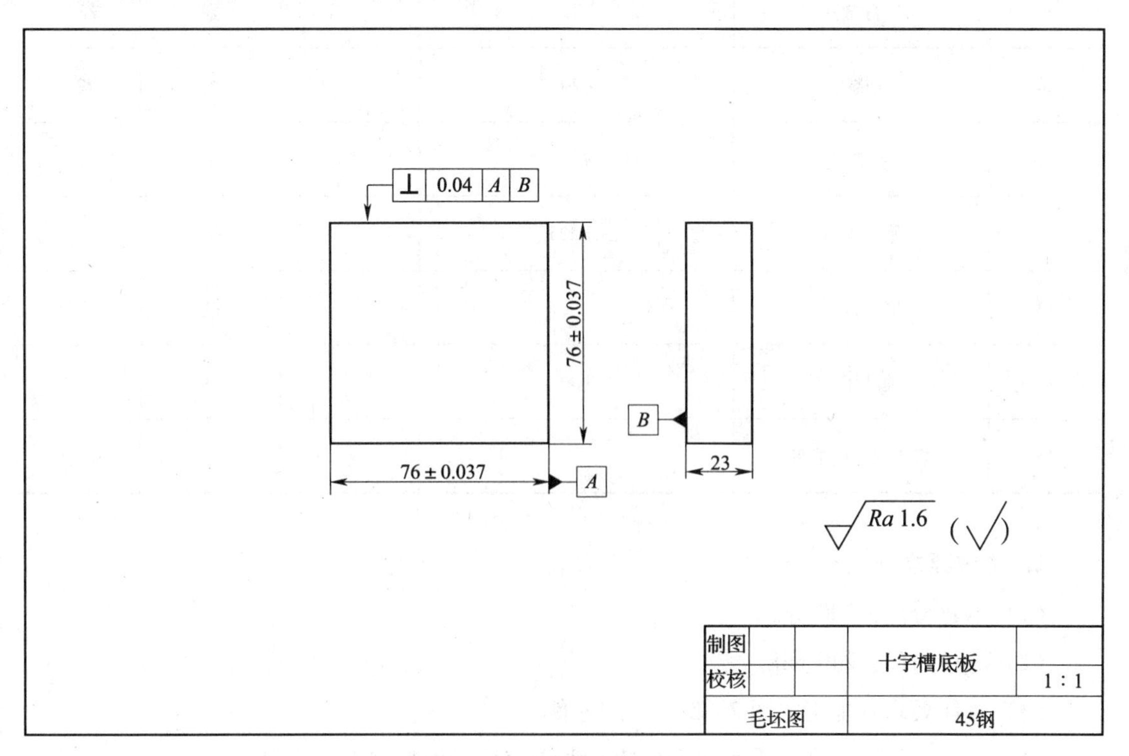

图 2—1　十字槽底板毛坯图

（4）工、刃、量、辅具准备

序号	名称	规格	精度	单位	数量
1	寻边器	ϕ10	0.002	个	1
2	Z 轴设定器	50	0.01	个	1
3	带表游标卡尺	1～150	0.01	把	1
4	深度游标卡尺	0～200	0.02	把	1
5	外径千分表	0～25、50～75	0.01	把	各1
6	杠杆百分表及表座	0～0.8	0.01	个	1
7	半径规	R1～R65、R7～R145		套	各1
8	粗糙度样板	N0～N1	12级	副	
9	平行垫铁		高	副	若干
10	立铣刀	ϕ20		个	2
11	立铣刀	ϕ12		个	1
12	平口虎钳	QH125		个	1
13	固定扳手			把	若干
14	辅助用具	毛刷		把	1
15	机床保养用棉布				若干

2. 考核要求

（1）本题分值：100分。

（2）考核时间：240 min。

（3）具体要求：加工如图2—2所示的零件。

（4）否定项说明。发生重大安全事故、严重违反操作规程者，取消考试。

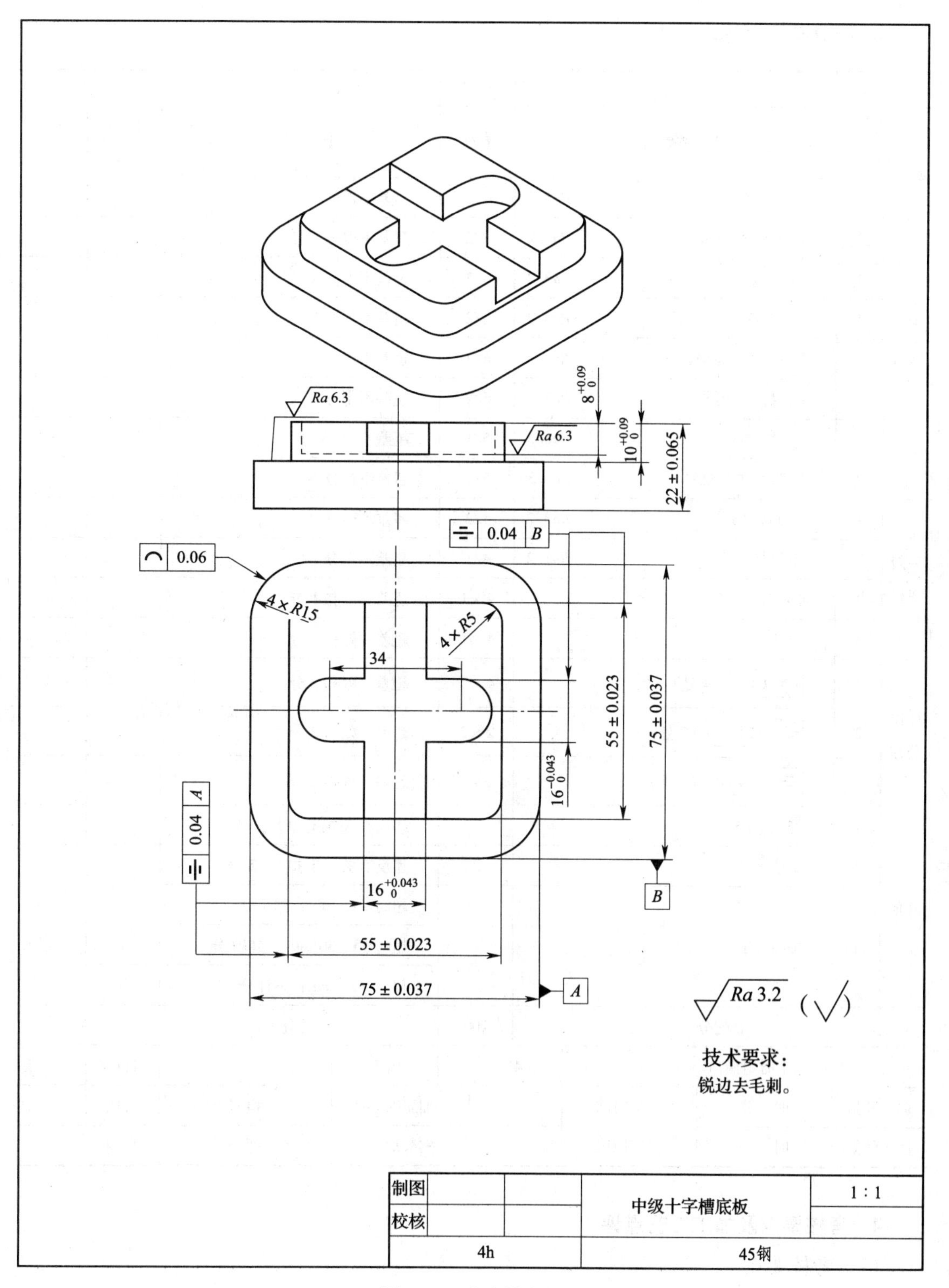
Ra 6.3
$8^{+0.09}_{0}$
Ra 6.3
$10^{+0.09}_{0}$
22 ± 0.065
0.04 B
0.06
4 × R15
4 × R5
34
55 ± 0.023
75 ± 0.037
$16^{-0.043}_{0}$
0.04 A
B
$16^{+0.043}_{0}$
55 ± 0.023
75 ± 0.037
A
Ra 3.2 (√)
技术要求：
锐边去毛刺。
制图
校核
中级十字槽底板
1∶1
4h
45钢

图 2—2　十字槽底板

3. 配分与评分标准

评分表		图号	XXX	检测编号		
考核项目		考核要求	配分	评分标准	检测结果	得分
主要项目	1	75 ±0.037（水平）　*Ra*3.2	6/2	超差不得分		
	2	75 ±0.037（垂直）　*Ra*3.2	6/2	超差不得分		
	3	55 ±0.023（水平）　*Ra*3.2	6/2	超差不得分		
	4	55 ±0.023（垂直）　*Ra*3.2	6/2	超差不得分		
	5	$16^{+0.043}_{0}$（通槽）　*Ra*3.2	6/2	超差不得分		
	6	$16^{+0.043}_{0}$（键槽）　*Ra*3.2	6/2	超差不得分		
	7	$8^{+0.09}_{0}$　*Ra*6.3	5/1	超差不得分		
	8	$10^{+0.09}_{0}$（凹模）　*Ra*6.3	5/1	超差不得分		
一般项目	1	22 ±0.065　*Ra*3.2	4/2	超差不得分		
	2	$50^{+0.10}_{0}$　*Ra*3.2	4/1	超差不得分		
	3	4×*R*5	4×1	超差一处扣1分		
	4	4×*R*15	4×1	超差一处扣1分		
形位公差	1	⌒ 0.06（4处）	4×2	超差一处扣2分		
	2	⌯ 0.04 *A*（2处）	2×2	超差一处扣2分		
	3	⌯ 0.04 *B*（2处）	2×2	超差一处扣2分		
其他	1	安全生产	3	违反有关规定扣1~3分		
	2	文明生产	2	违反有关规定扣1~2分		
	3	按时完成		超时≤15 min：扣5分		
				超时15~30 min：扣10分		
				超时>30 min：不计分		
总配分			100	总分		

工时定额			4h	监考			日期	
加工开始	时　分	停工时间		加工时间		检测	日期	
加工结束	时　分	停工原因		实际时间		评分	日期	

4. 考核要点及加工工艺点评

（1）考核要点

1）使用刀具补偿控制零件尺寸公差。

2）两次装夹工件的找正。

3）“R”功能在编程中的应用。

（2）加工工艺点评

1）安装工件前将机用平口虎钳利用百分表找正 0.02 mm。

2）工件坐标系以工件中心为 X0Y0，上表面为坐标系 Z0。

3）找正工件坐标系时利用对称双边环表取中法确定。

4）加工工件外轮廓时，选择 ϕ20 mm 立铣刀进行加工，减少让刀。

5）使用粗、精加工的方法和刀具补偿的方法进行加工，保证工件的尺寸公差及表面粗糙度。

5. 参考程序

加工程序	解释
O1（75×75 及 4×*R*15 外轮廓）（三齿 ϕ20 mm 立铣刀）	程序名称
G0G90G54X60Y60	快速定位到指定位置
M3S350F60Z50	主轴正转快速趋近工件
Z5	接近工件
G1Z－15F100	直线插补
G1G42D1X37.5F60	刀具半径右补偿切入
VY37.5，R15	R 功能圆弧插补
X－37.5，R15	R 功能圆弧插补
Y－37.5，R15	R 功能圆弧插补
X37.5，R15	R 功能圆弧插补
Y37.5	圆弧自动加工后要有延伸
G0G40X60	取消刀具补偿，刀具离开工件
Z100	抬刀
M30	程序结束，光标返回程序头
O2（55×55 及 4×*R*5 轮廓）（三齿 ϕ20 mm 立铣刀）	程序名称
G0G90G54X40Y40	快速定位到指定位置
M3S350F60Z50	主轴正转快速趋近工件
Z5	接近工件
G1Z－10F100	切深 10 mm

续表

加工程序	解释
O2（55×55 及 4×*R*5 轮廓）（三齿 ϕ20 mm 立铣刀）	程序名称
G1G42D1X27.5F60	右刀具半径补偿切入
Y27.5，R5	R 功能圆弧插补
X-27.5，R5	R 功能圆弧插补
Y-27.5，R5	R 功能圆弧插补
X27.5，R5	R 功能圆弧插补
Y27.5	圆弧自动加工后要有延伸
G0G40X40	取消刀具补偿，刀具离开工件
Z100	抬刀
M30	程序结束，光标返回程序头
O3（十字槽）（三齿 ϕ12 mm 立铣刀）	程序名称
G0G90G54X0Y-40	快速定位到指定位置
M3S500F60Z50	主轴正转快速趋近工件
Z5	接近工件
G1Z-10F100	切深 10 mm
G1G42D1X-8F60	右刀具半径补偿切入
Y-8	直线插补
X-17	直线插补
G02Y8R8	圆弧插补
G1X-8	直线插补
Y34	直线插补
X8	直线插补
Y8	直线插补
X17	直线插补
G02Y-8R8	圆弧插补
G1X8	直线插补
Y-34	直线插补
G0G40X0	取消刀具补偿，刀具离开工件

续表

加工程序	解释
O3（十字槽）（三齿 ϕ12 mm 立铣刀）	程序名称
Z100	抬刀
M30	程序结束，光标返回程序头

【试题 2】Y 形槽底板

1. 准备要求

（1）安全文明生产准备

1）工作服、帽、鞋、防护镜穿戴整齐。

2）工位按“5S”或“6S”标准进行。

（2）机床设备准备

1）设备。数控铣床 XKA714。检查机床机、电、切削液、气压各部分安全可靠。

2）系统。FANUC 0i—M 系列或 SIEMENS802D、810D、828D。

说明：可结合实际情况，选择其他型号的数控铣床及数控系统。

（3）坯料准备

材料为 45 钢，毛坯的尺寸和形状如图 2—3 所示。

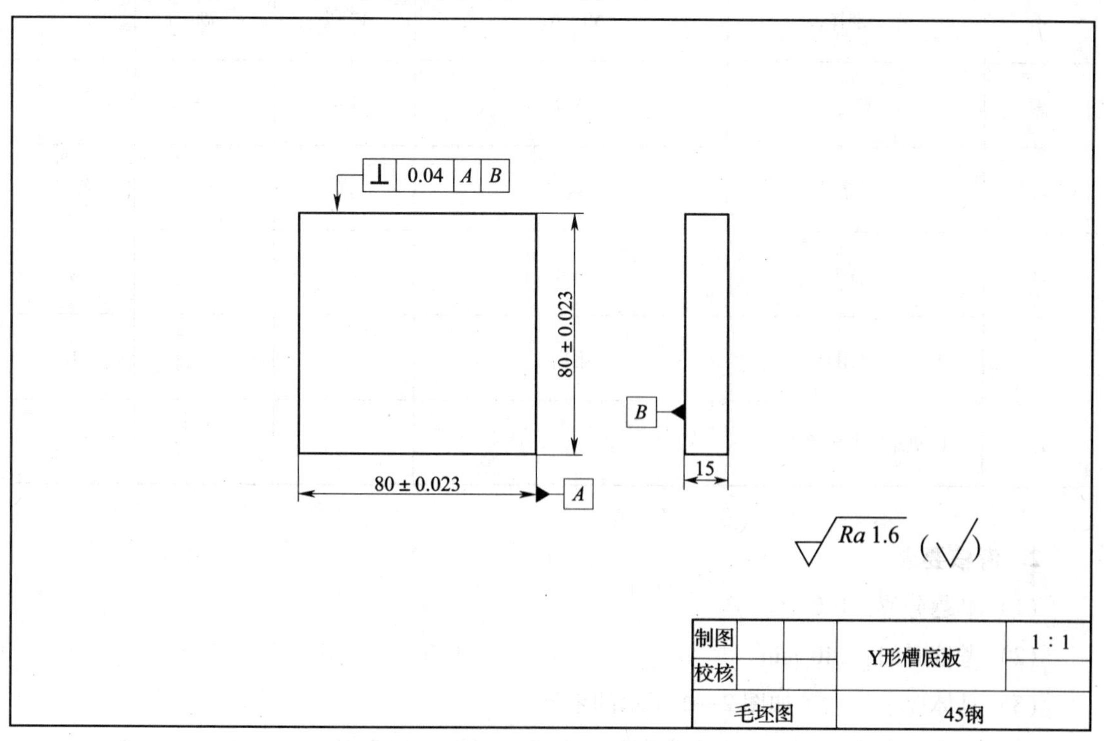

图 2—3　Y 形槽底板毛坯图

（4）工、刃、量、辅具准备

序号	名称	规格	精度	单位	数量
1	寻边器	$\phi10$	0.002	个	1
2	Z 轴设定器	50	0.01	个	1
3	带表游标卡尺	1～150	0 01	把	1
4	深度游标卡尺	0～200	0.02	把	1
5	外径千分表	50～75、75～100	0.01	把	各1
6	杠杆百分表及表座	0～0.8	0.01	个	1
7	半径规	$R1$～$R65$、$R7$～$R145$		套	各1
8	粗糙度样板	$N0$～$N1$	12级	副	
9	塞规	$\phi10$	H8	个	
10	平行垫铁		高	副	若干
11	立铣刀	$\phi10$		个	2
12	辅助用具	毛刷			1
13	机床保养用棉布				若干

2. 考核要求

（1）本题分值：100分。

（2）考核时间：240 min。

（3）具体要求：加工如图2—4所示的零件。

（4）否定项说明。发生重大安全事故、严重违反操作规程者，取消考试。

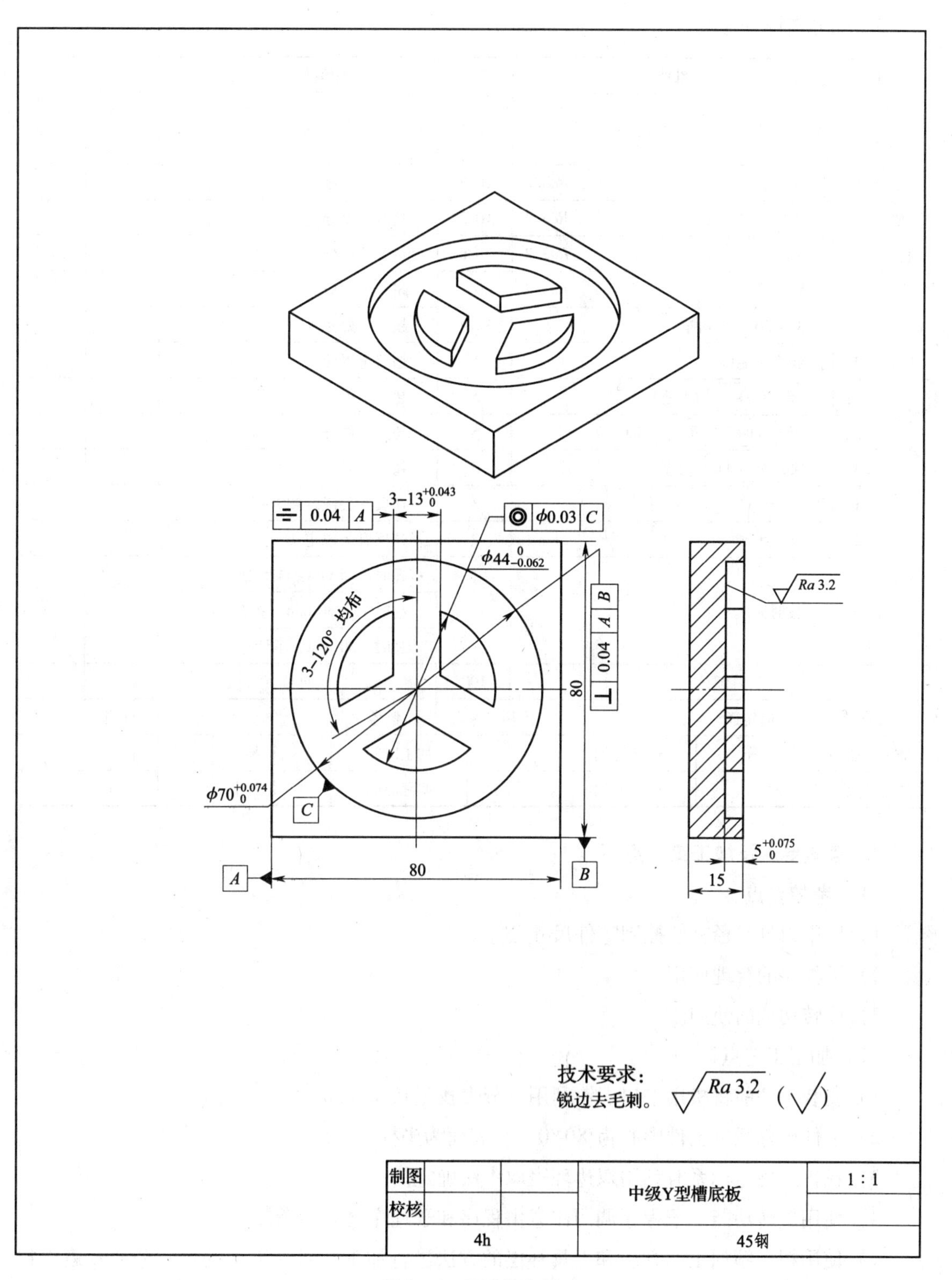

3-13$^{+0.043}_{0}$
0.04 A
◎ φ0.03 C
φ44$^{0}_{-0.062}$
3-120° 均布
⊥ 0.04 A B
80
φ70$^{+0.074}_{0}$
C
A
80
B
Ra 3.2
5$^{+0.075}_{0}$
15
技术要求：
锐边去毛刺。
Ra 3.2 (√)
制图
校核
中级Y型槽底板
1∶1
4h
45钢

图 2—4 Y 形槽底板

3. 配分与评分标准

评分表		图号	XXX	检测编号		
考核项目		考核要求	配分	评分标准	检测结果	得分
主要项目	1	$\phi44_{-0.062}^{0}$　$Ra3.2$	10/2	超差不得分		
	2	$\phi70_{0}^{+0.074}$　$Ra3.2$	10/2	超差不得分		
	3	$3\times13_{0}^{+0.043}$　$Ra3.2$	30/6	超差不得分		
	4	$5_{0}^{+0.075}$　$Ra3.2$	6/1	超差不得分		
一般项目	1	3×120°±5′均布	3×4	超差一处扣4分		
	2	锐变去毛刺	1	超差不得分		
形位公差	1	⌯ 0.04 A（4处）	5	超差不得分		
	2	⌯ 0.04 A B（2处）	5	超差不得分		
	3	◎ φ0.03 C（2处）	5	超差不得分		
其他	1	安全生产	3	违反有关规定扣1～3分		
	2	文明生产	2	违反有关规定扣1～2分		
	3	按时完成		超时≤15 min：扣5分		
				超时15～30 min：扣10分		
				超时＞30 min：不计分		
总配分			100	总分		

工时定额		4h		监考				日期	
加工开始	时 分	停工时间		加工时间		检测		日期	
加工结束	时 分	停工原因		实际时间		评分		日期	

4. 考核要点及加工工艺点评

（1）考核要点

1）使用刀具半径补偿控制零件尺寸公差。

2）子程序的合理使用。

3）旋转功能的使用。

（2）加工工艺点评

1）安装工件前将机用平口虎钳利用百分表找正0.02 mm。

2）工件坐标系以工件中心为X0Y0，上表面为坐标系Z0。

3）找正工件坐标系时利用双边环表取中法确定。

4）使用旋转功能、子程序调用注意主程序和子程序之间的衔接。

5）使用粗、精加工的方法和刀具补偿的方法进行加工，保证工件的尺寸公差及表面粗糙度。

5. 参考程序

加工程序	解释
O1（加工圆环）（ϕ10 mm 键槽铣刀）	程序名称
G0G90G54X0Y28	快速定位到指定位置
M3S800F60Z50	主轴正转快速趋近工件
Z5	接近工件
G1Z－5F100	铣削深度 5 mm
G1G42D1Y35F60	刀具半径补偿进行加工
G2J－35	圆弧插补
G1G40Y28	取消刀具半径补偿
G1G41D1Y22F60	刀具半径补偿进行加工
G2J－22	圆弧插补
G1G40Y28	取消刀具补偿，刀具离开工件
G0Z50	抬刀
M30	程序结束，光标返回程序头
O2（4×13 槽）（ϕ10 mm 键槽铣刀）	程序名称
G0G90G54X0Y0	快速定位到指定位置
M3S350F60Z50	主轴正转快速趋近工件
Z5	接近工件
G1Z－5F100	铣削深度 5 mm
M98P10	调用子程序
G68X0Y0R－120	旋转指令加工
M98P10	调用子程序
G69	取消旋转指令
G68X0Y0R－240	旋转指令加工
M98P10	调用子程序
G69	取消旋转指令
G0Z100	快速抬刀
M30	程序结束，光标返回程序头
O10	子程序
G1G42D1X－6.5F60	使用右刀具半径补偿的方式铣削
Y27	直线插补
X6.5	直线插补
Y－3	直线插补

续表

加工程序	解释
O2（4×13 槽）（ϕ10 mm 键槽铣刀）	程序名称
G0G40X0Y0	取消刀具半径补偿
M99	返回子程序

【试题 3】槽轮板

1．准备要求

（1）安全文明生产准备

1）工作服、帽、鞋、防护镜穿戴整齐。

2）工位按“5S”或“6S”标准进行。

（2）机床设备准备

1）设备。数控铣床 XKA714。检查机床机、电、切削液、气压各部分安全可靠。

2）系统。FANUC 0i—M 系列或 SIEMENS802D、810D、828D。

说明：可结合实际情况，选择其他型号的数控铣床及数控系统。

（3）坯料准备

材料为 45 钢，毛坯的尺寸和形状如图 2—5 所示。

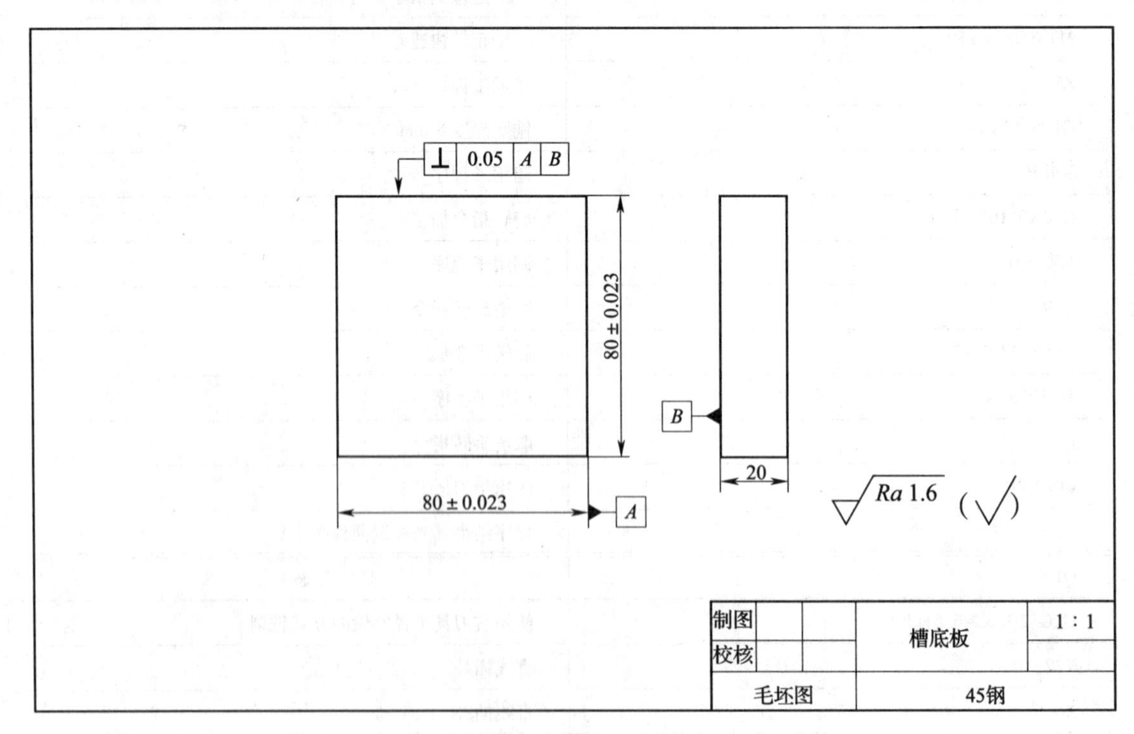

图 2—5　槽轮板毛坯图

（4）工、刃、量、辅具准备

序号	名称	规格	精度	单位	数量
1	寻边器	ϕ10	0.002	个	1
2	Z 轴设定器	50	0.01	个	1
3	带表游标卡尺	1～150	0.01	把	1
4	深度游标卡尺	0～200	0.02	把	1
5	外径千分表	50～75、75～100	0.01	把	各1
6	杠杆百分表及表座	0～0.8	0.01	个	1
7	半径规	R1～R65、R7～R145		套	各1
8	粗糙度样板	N0～N1	12 级	副	
9	塞规	ϕ14	H8	个	
10	平行垫铁		高	副	若干
11	立铣刀	ϕ20		个	2
12	键槽铣刀	ϕ12		个	1
13	辅助用具	毛刷			1
14	机床保养用棉布				若干

2. 考核要求

（1）本题分值：100 分。

（2）考核时间：240 min。

（3）具体要求：加工如图 2—6 所示的零件。

（4）否定项说明。发生重大安全事故、严重违反操作规程者，取消考试。

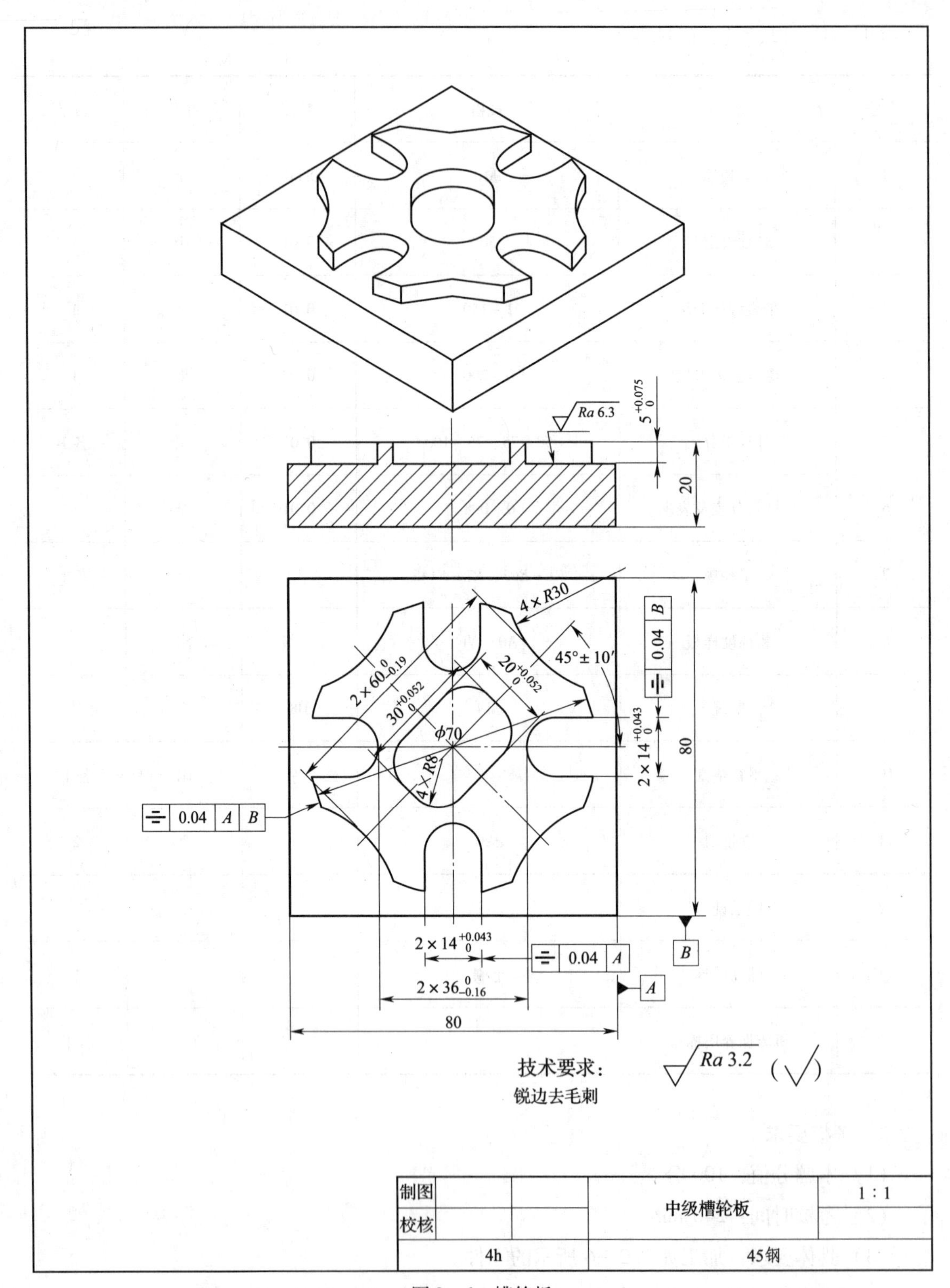

Ra 6.3
5 +0.075 0
20
4×R30
45°±10′
0.04 B
2×60 0 −0.19
20 +0.052 0
30 +0.052 0
φ70
4×R8
2×14 +0.043 0
80
0.04 A B
B
2×14 +0.043 0
0.04 A
2×36 0 −0.16
A
80
技术要求：
锐边去毛刺
Ra 3.2 (√)
制图
校核
中级槽轮板
1∶1
4h
45钢

图2—6 槽轮板

3. 配分与评分标准

评分表		图号	XXX	检测编号		
考核项目		考核要求	配分	评分标准	检测结果	得分
主要项目	1	$\phi70_{-0.074}^{\ 0}$　$Ra3.2$	6/2	超差不得分		
	2	$20_{\ 0}^{+0.052}$　$Ra3.2$	6/2	超差不得分		
	3	$30_{\ 0}^{+0.052}$　$Ra3.2$	6/2	超差不得分		
	4	$2\times14_{\ 0}^{+0.043}$（水平）　$Ra3.2$	12/4	超差不得分		
	5	$2\times14_{\ 0}^{+0.043}$（垂直）　$Ra3.2$	12/4	超差不得分		
	6	$5_{\ 0}^{+0.075}$（2处）　$Ra3.2$	6/2	超差不得分		
一般项目	1	$2\times36_{-0.16}^{\ 0}$	2×2	超差不得分		
	2	$2\times60_{-0.19}^{\ 0}$	2×2	超差不得分		
	3	$4\times R30$　$Ra3.2$	4/4	超差一处扣1分		
	4	$4\times R8$	4×0.5	超差一处扣1分		
	5	$45°\pm10'$	1			
形位公差	1	⌯ 0.04 A	4	超差一处扣2分		
	2	⌯ 0.04 B	4	超差一处扣2分		
	3	⌯ 0.04 A B	4	超差一处扣2分		
其他	1	安全生产	3	违反有关规定扣1~3分		
	2	文明生产	2	违反有关规定扣1~2分		
	3	按时完成		超时≤15 min：扣5分 超时15~30 min：扣10分 超时>30 min：不计分		
总配分			100	总分		

工时定额		4h		监考			日期	
加工开始	时 分	停工时间		加工时间		检测		日期
加工结束	时 分	停工原因		实际时间		评分		日期

4. 考核要点及加工工艺点评

（1）考核要点

1）使用刀具补偿控制零件尺寸公差。

2）应用旋转指令。

3）加大刀具半径补偿去除残料。

4）子程序的调用。

5）“R”功能在编程中的应用。

（2）加工工艺点评

1）安装工件前将机用平口虎钳利用百分表找正0.02 mm。

2）工件坐标系以工件中心为X0Y0，上表面为坐标系Z0。

3）找正工件坐标系时利用双边环表取中法确定。

4）加工工件外轮廓时，选择ϕ20 mm立铣刀进行加工，减少让刀。

5）使用粗、精加工的方法和坐标旋转、刀具半径补偿的方法进行加工，保证工件的尺寸公差及表面粗糙度。

5．参考程序

加工程序	解释
O1（加工外圆）（三齿ϕ20 mm立铣刀）	程序名称
G0G90G54X－60Y－60	快速定位到指定位置
M3S500F60Z50	主轴正转快速趋近工件
Z5	接近工件
G1Z－5F100	铣削深度5 mm
G1G42D1X35F60	刀具半径补偿进行加工
Y0	切线切入
G3I－35	圆弧插补
G1Y60	切线切出
G1G40X60	取消刀具补偿，刀具离开工件
G0Z50	抬刀
M30	程序结束，光标返回程序头
O2（4×R30、4×14槽）（ϕ12 mm键槽铣刀）	程序名称
G0G90G54X0Y0	快速定位到指定位置
M3S800F60Z50	主轴正转快速趋近工件
Z5	接近工件
M98P10	调用子程序
M98P20	调用子程序

续表

加工程序	解释
O2（4×*R*30、4×14 槽）（ϕ12 mm 键槽铣刀）	程序名称
G68X0Y0R－90	旋转指令加工
M98P10	调用子程序
M98P20	调用子程序
G69	取消旋转指令
G68X0Y0R－180	旋转指令加工
M98P10	调用子程序
M98P20	调用子程序
G69	取消旋转指令
G68X0Y0R－90	旋转指令加工
M98P10	调用子程序
M98P20	调用子程序
G69	取消旋转指令
G68X0Y0R－180	旋转指令加工
M98P10	调用子程序
M98P20	调用子程序
G69	取消旋转指令
G0Z100	快速抬刀
M30	程序结束，光标返回程序头
O10	子程序
G0X60Y0	快速点定位
G1Z－5	铣削深度 5 mm
G1G42D1Y－7F60	刀具半径补偿进行加工
X25	直线插补
G2J7Y7	圆弧插补
G1X60	直线插补

续表

加工程序	解释
O2（4×R30、4×14 槽）（ϕ12 mm 键槽铣刀）	程序名称
G0G40X60Y0	取消刀具半径补偿
M99	返回子程序
O20	子程序
G0X50Y50	快速点定位
G1Z－5	切削深度 5 mm
G1G42D1X31.936Y14.32F60	使用右刀具半径补偿的方式铣削
G2X14.32Y31.936R30	圆弧插补
G1G40X50Y50	取消刀具半径补偿
G0Z5	快速抬刀
M99	返回子程序
O3（加工外圆）（ϕ12 mm 键槽铣刀）	程序名称
G0G90G54X0Y0	快速定位到指定位置
M3S800F60Z50	主轴正转快速趋近工件
Z5	接近工件
G1Z－5F100	铣削深度 5 mm
G68X0Y0R45	坐标旋转 45°
G1G42D1X15F60	右刀具半径补偿切入
Y－10，R8	R 功能圆弧插补
X－15，R8	R 功能圆弧插补
Y10，R8	R 功能圆弧插补
X15，R8	R 功能圆弧插补
G1Y0	直线插补
G1G40X0Y0	返回中心点
G69	取消旋转指令

续表

加工程序	解释
O3（加工外圆）（ϕ12 mm 键槽铣刀）	程序名称
G0Z50	抬刀
M30	程序结束，光标返回程序头

【试题 4】十字凹形板

1. 准备要求

（1）安全文明生产准备

1）工作服、帽、鞋、防护镜穿戴整齐。

2）工位按“5S”或“6S”标准进行。

（2）机床设备准备

1）设备。数控铣床 XKA714。检查机床机、电、切削液、气压各部分安全可靠。

2）系统。FANUC 0i—M 系列或 SIEMENS802D、810D、828D。

说明：可结合实际情况，选择其他型号的数控铣床及数控系统。

（3）坯料准备

材料为 45 钢，毛坯的尺寸和形状如图 2—7 所示。

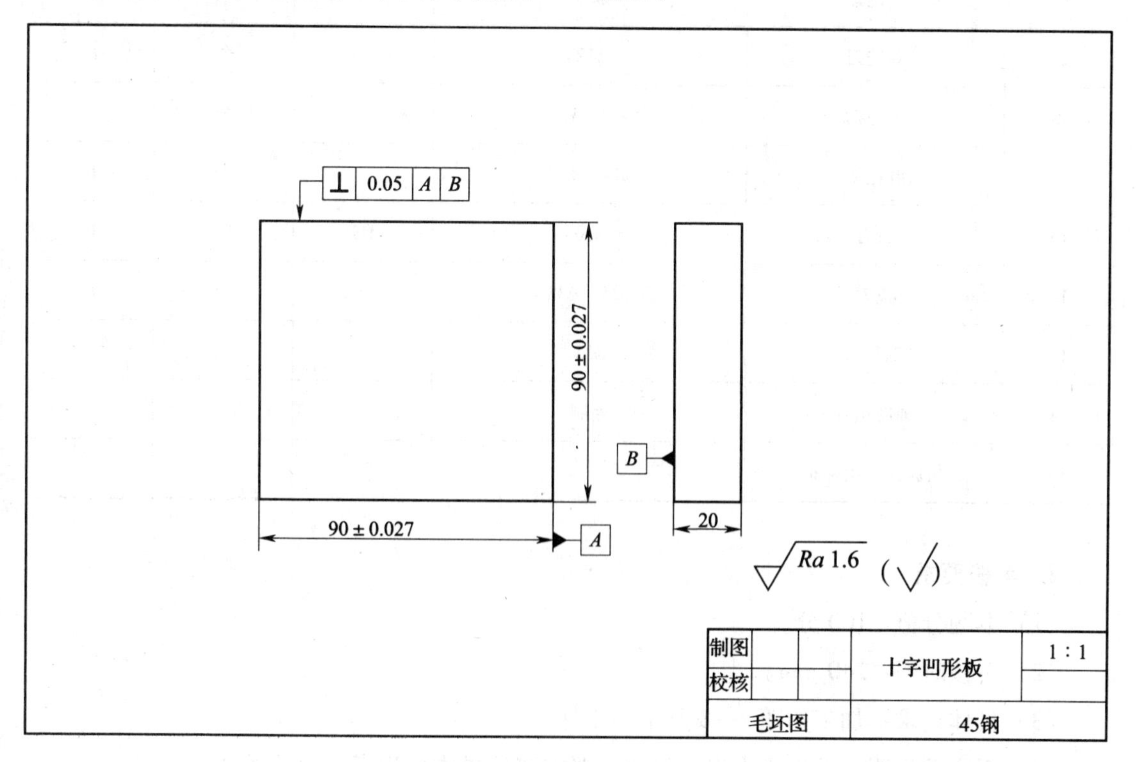

图 2—7　十字凹形板毛坯图

（4）工、刃、量、辅具准备

序号	名称	规格	精度	单位	数量
1	寻边器	$\phi10$	0.002	个	1
2	Z 轴设定器	50	0.01	个	1
3	带表游标卡尺	1～150	0.01	把	1
4	深度游标卡尺	0～200	0.02	把	1
5	外径千分表	50～75、75～100	0.01	把	各1
6	杠杆百分表及表座	0～0.8	0.01	个	1
7	半径规	$R1$～$R65$、$R7$～$R145$		套	各1
8	粗糙度样板	$N0$～$N1$	12级	副	
9	塞规	$\phi18$	H8	个	
10	平行垫铁		高	副	若干
11	立铣刀	$\phi20$		个	2
12	立铣刀	$\phi12$		个	1
13	中心钻	$A2.5$		个	1
14	麻花钻	$\phi14$、$\phi28$		个	1
15	铰刀	$\phi10$	H8	把	1
16	镗刀	$\phi25$～$\phi38$		把	1
17	倒角刀	$\phi35$		把	1
18	辅助用具	毛刷			1
19	机床保养用棉布				若干

2．考核要求

（1）本题分值：100分。

（2）考核时间：240 min。

（3）具体要求：加工如图2—8所示的零件。

（4）否定项说明。发生重大安全事故、严重违反操作规程者，取消考试。

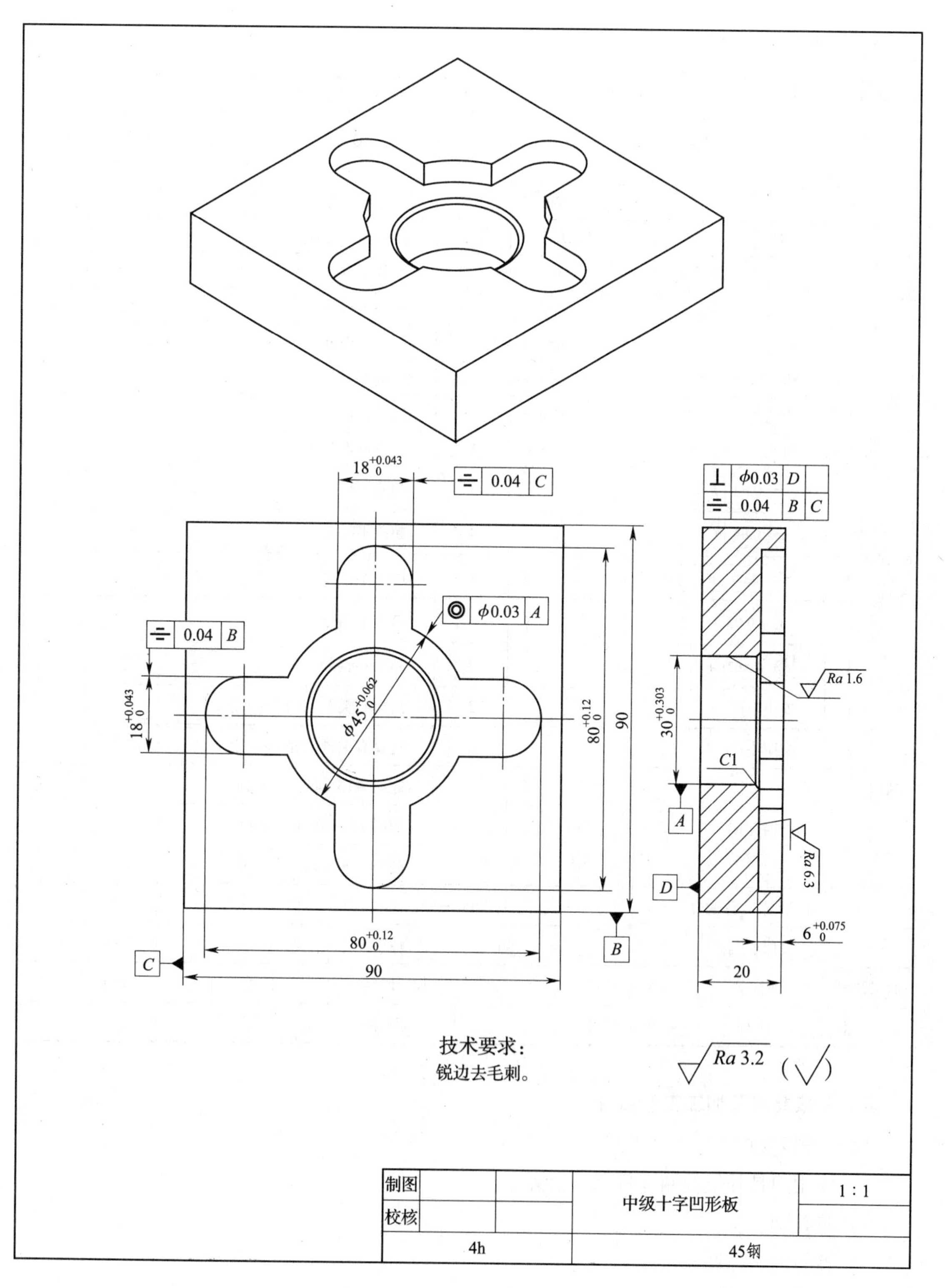
18 +0.043 0
0.04 C
⊥ φ0.03 D
0.04 B C
φ0.03 A
0.04 B
18 +0.043 0
φ45 +0.062 0
80 +0.12 0
90
30 +0.303 0
Ra 1.6
C1
A
Ra 6.3
D
B
C
80 +0.12 0
90
6 +0.075 0
20
技术要求：
锐边去毛刺。
Ra 3.2 (√)
制图
校核
中级十字凹形板
1∶1
4h
45钢

图 2—8　十字凹形板

3. 配分与评分标准

评分表		图号		XXX	检测编号		
考核项目		考核要求		配分	评分标准	检测结果	得分
主要项目	1	$\phi30^{+0.033}_{0}$	$Ra1.6$	12/4	超差不得分		
	2	$\phi45^{+0.062}_{0}$	$Ra3.2$	8/2	超差不得分		
	3	$18^{+0.043}_{0}$（水平2处）	$Ra3.2$	12/4	超差不得分		
	4	$18^{+0.043}_{0}$（垂直2处）	$Ra3.2$	12/4	超差不得分		
	5	$6^{+0.075}_{0}$	$Ra6.3$	5/1	超差不得分		
一般项目	1	$80^{+0.12}_{0}$（水平）	$Ra3.2$	3/2	超差不得分		
	2	$80^{+0.12}_{0}$（垂直）	$Ra3.2$	3/2	超差不得分		
	3	C1		1	超差不得分		
形位公差	1	⌯ 0.04 B		4	超差不得分		
	2	⌯ 0.04 C		4	超差不得分		
	3	⌯ 0.04 B C		4	超差不得分		
	4	⊥ ϕ0.03 D		4	超差不得分		
	5	◎ ϕ0.03 A		4	超差不得分		
其他	1	安全生产		3	违反有关规定扣1～3分		
	2	文明生产		2	违反有关规定扣1～2分		
	3	按时完成			超时≤15 min：扣5分		
					超时15～30 min：扣10分		
					超时>30 min：不计分		
总配分				100	总分		
工时定额			4h		监考	日期	
加工开始	时 分	停工时间		加工时间		检测	日期
加工结束	时 分	停工原因		实际时间		评分	日期

4. 考核要点及加工工艺点评

（1）考核要点

1）使用刀具补偿控制零件尺寸公差。

2）镗孔加工。

3）镗刀的半径调整。

4）旋转指令及子程序的调用。

（2）加工工艺点评

1）安装工件前将机用平口虎钳利用百分表找正 0.02 mm。

2）工件坐标系以工件中心为 X0Y0，上表面为坐标系 Z0。

3）找正工件坐标系时利用双边环表取中法确定。

4）加工 $\phi45^{+0.062}_{0}$ mm 凹圆时，选择 $\phi20$ mm 立铣刀进行加工，减少让刀。

5）镗孔的加工步骤：定心→钻孔→扩孔→半精镗→倒角→精镗。

6）使用粗、精加工的方法和坐标旋转、刀具半径补偿的方法进行加工，保证工件的尺寸公差及表面粗糙度。

5. 参考程序

O1（精镗孔程序，其余程序略）	程序名称
G0G90G54X0Y0	快速定位到指定位置
M3S500F30Z50	主轴正转，快速移动到初始点
G98G76R5Z－23Q1000P1000	精镗孔循环
G80M5	取消固定循环，主轴停转
M30	程序结束，光标返回程序头
O2（加工 $\phi45$ mm 圆孔）（$\phi20$ mm 立铣刀）	程序名称
G0G90G40G54X0Y0	快速定位到指定位置
M3S350F60Z50	主轴正转快速趋近工件
Z5	接近工件
G1Z0F60	铣削初始深度 0 mm
G1G42D1X22.5	带刀具半径补偿切入
M98P30010	调用 3 次子程序
G2I－22.5	铣圆
G01G40X0Y0	取消刀具半径补偿
G0Z50	抬刀
M30	程序结束，光标返回程序头
O10	子程序
G91G02I－22.5Z－2F60	螺旋插补每次 α_p ＝1 mm

续表

O2（加工 ϕ45 mm 圆孔）（ϕ20 mm 立铣刀）	程序名称
G90	回到绝对方式
M99	返回主程序
O2（加工 $4\times18^{+0.043}_{0}$ mm 圆孔）（ϕ12 mm 立铣刀）	程序名称
G0G90G40G54X0Y0	快速定位到指定位置
M3S350F60Z50	主轴正转快速趋近工件
Z5	接近工件
G1Z－5F60	铣削初始深度 5 mm
M98P20	调用子程序
G68X0Y0R90	坐标旋转 90°
M98P20	调用子程序
G69	取消坐标旋转
G68X0Y0R180	坐标旋转 180°
M98P20	调用子程序
G69	取消坐标旋转
G68X0Y0R270	坐标旋转 270°
M98P20	调用子程序
G69	取消坐标旋转
G01G40X0Y0	取消刀具半径补偿
G0Z50	抬刀
M30	程序结束，光标返回程序头
O20	子程序
G01G42D1Y9F60	读取刀具半径补偿
X31	直线插补
G2G91Y－18J－9	增量方式圆弧插补
G1G90X0	绝对方式直线插补

续表

O2（加工 $4\times18^{+0.043}_{0}$ mm 圆孔）（ϕ12 mm 立铣刀）	程序名称
G40Y0	取消刀具半径补偿
M99	返回主程序

【**试题 5**】矩形槽板

1. 准备要求

（1）安全文明生产准备

1）工作服、帽、鞋、防护镜穿戴整齐。

2）工位按“5S”或“6S”标准进行。

（2）机床设备准备

1）设备。数控铣床 XKA714。检查机床机、电、切削液、气压各部分安全可靠。

2）系统。FANUC 0i—M 系列或 SIEMENS802D、810D、828D。

说明：可结合实际情况，选择其他型号的数控铣床及数控系统。

（3）坯料准备

材料为 45 钢，毛坯的尺寸和形状如图 2—9 所示。

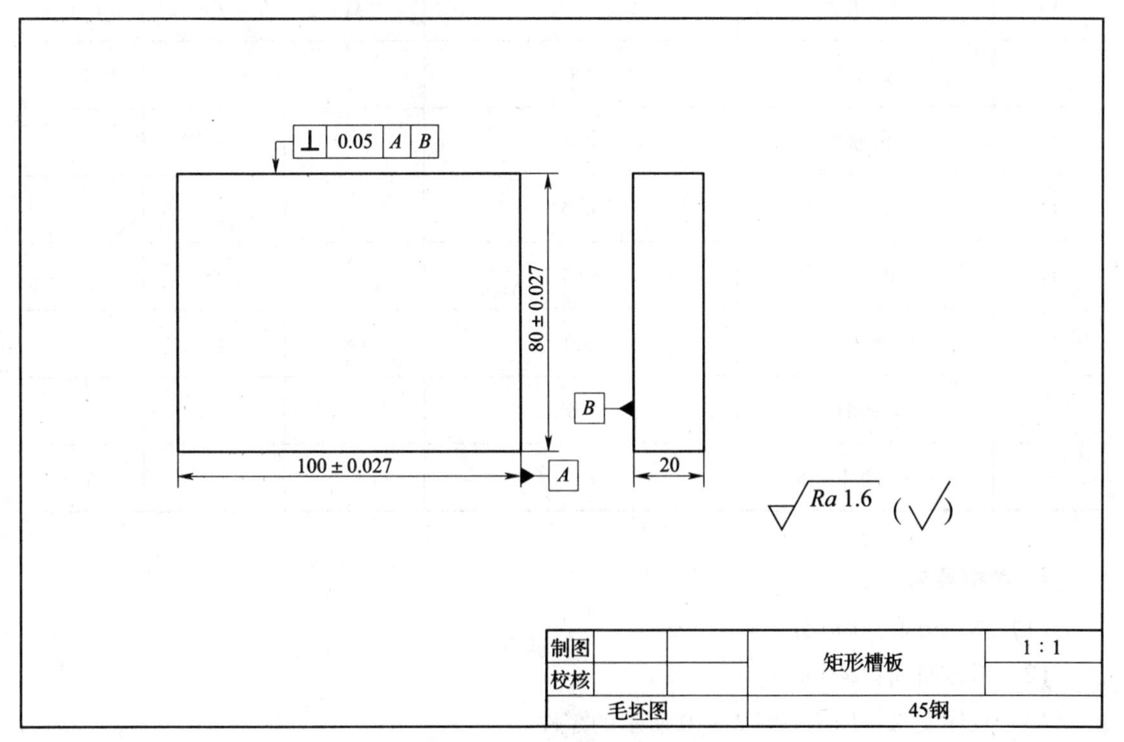

图 2—9　矩形槽板毛坯图

（4）工、刃、量、辅具准备

序号	名称	规格	精度	单位	数量
1	寻边器	ϕ10	0.002	个	1
2	*Z* 轴设定器	50	0.01	个	1
3	带表游标卡尺	1～150	0.01	把	1
4	深度游标卡尺	0～200	0.02	把	1
5	外径千分表	50～75、75～100	0.01	把	各 1
6	杠杆百分表及表座	0～0.8	0.01	个	1
7	半径规	*R*1～*R*65、*R*7～*R*145		套	各 1
8	粗糙度样板	*N*0～*N*1	12 级	副	1
9	塞规	ϕ10	H8	个	
10	平行垫铁		高	副	若干
11	立铣刀	ϕ20		个	2
12	键槽铣刀	ϕ10		个	1
13	中心钻	*A*2.5		个	1
14	麻花钻	ϕ9.7		个	1
15	铰刀	ϕ10	H8	把	1
16	辅助用具	毛刷			1
17	机床保养用棉布				若干

2. 考核要求

（1）本题分值：100 分。

（2）考核时间：240 min。

（3）具体要求：加工如图 2—10 所示的零件。

（4）否定项说明。发生重大安全事故、严重违反操作规程者，取消考试。

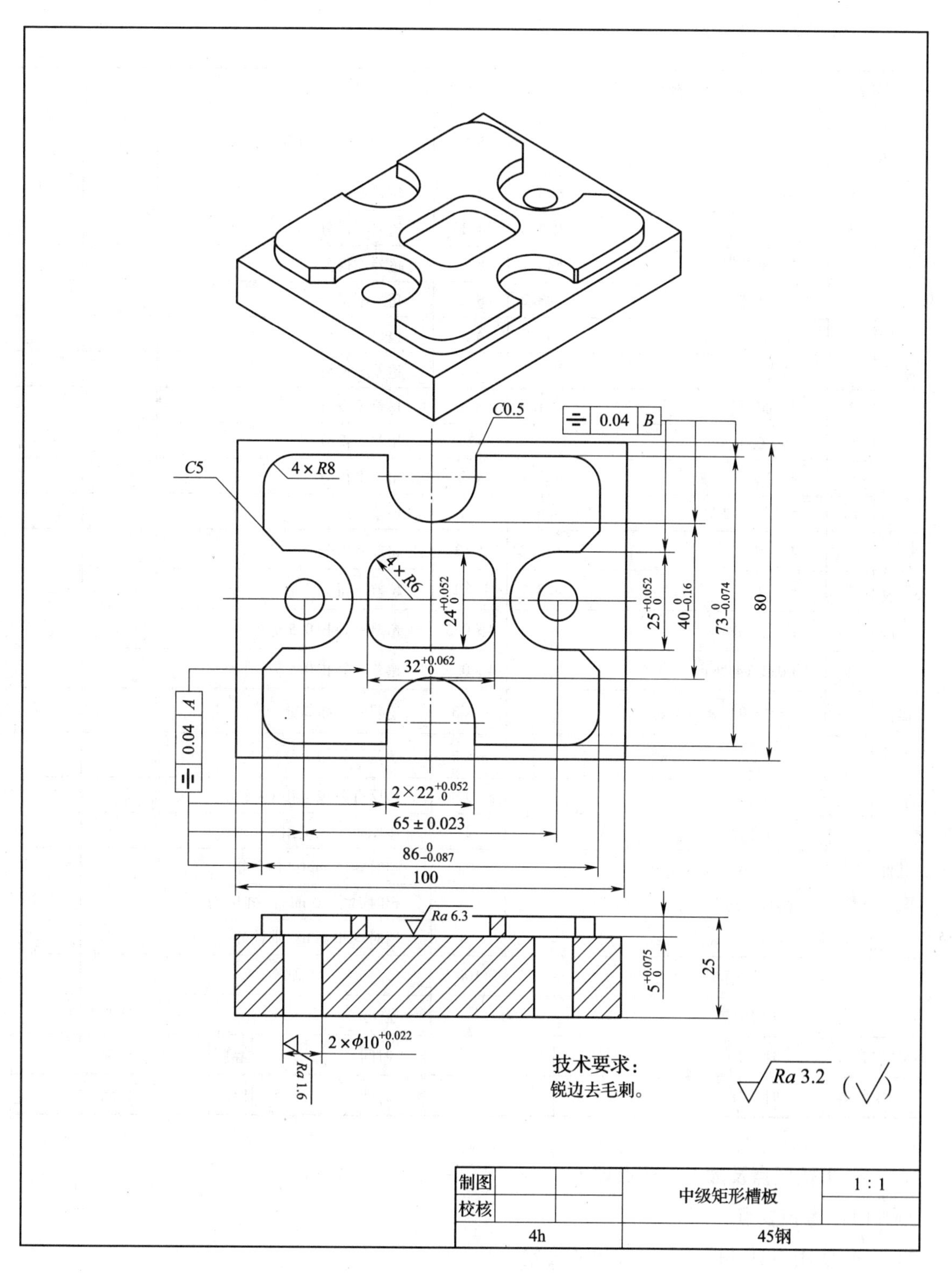
C0.5
0.04 B
C5
4×R8
4×R6
24 +0.052 0
25 +0.052 0
40 0 −0.16
73 0 −0.074
80
32 +0.062 0
0.04 A
2×22 +0.052 0
65±0.023
86 0 −0.087
100
Ra 6.3
5 +0.075 0
25
2×ϕ10 +0.022 0
Ra 1.6
技术要求：
锐边去毛刺。
Ra 3.2 (√)
制图
校核
中级矩形槽板
1 : 1
4h
45钢

图 2—10　矩形槽板

3. 配分与评分标准

评分表		图号		×××	检测编号		
考核项目		考核要求		配分	评分标准	检测结果	得分
主要项目	1	$86_{-0.087}^{0}$	*Ra*3.2	4/1	超差不得分		
	2	$73_{-0.074}^{0}$	*Ra*3.2	4/1	超差不得分		
	3	$2\times22_{0}^{+0.052}$	*Ra*3.2	8/2	超差不得分		
	4	$2\times25_{0}^{+0.062}$	*Ra*3.2	8/2	超差不得分		
	5	$32_{0}^{+0.062}$	*Ra*3.2	4/1	超差不得分		
	6	$24_{0}^{+0.052}$	*Ra*3.2	4/1	超差不得分		
	7	$2\times\phi10_{0}^{+0.022}$	*Ra*1.6	8/2	超差不得分		
	8	65 ±0.023		2	超差不得分		
	9	$40_{+0.016}^{0}$（2处）	*Ra*3.2	4/2	超差不得分		
	10	$5_{0}^{+0.075}$（2处）	*Ra*6.3	3/1	超差不得分		
一般项目	1	4×*R*8	*Ra*3.2	2×2	超差不得分		
	2	4×*R*6	*Ra*3.2	2×2	超差不得分		
	3	*C*5（4处）		4×0.5	超差一处扣0.5分		
	4	*C*0.5（4处）		4×0.5	超差一处扣0.5分		
形位公差	1	⌯ 0.04 *A*（4处）		4×3	超差一处扣2分		
	2	⌯ 0.04 *B*（3处）		3×3	超差一处扣2分		
其他	1	安全生产		3	违反有关规定扣1～3分		
	2	文明生产		2	违反有关规定扣1～2分		
	3	按时完成			超时≤15 min：扣5分		
					超时15～30 min：扣10分		
					超时>30 min：不计分		
总配分				100	总分		

工时定额		4h		监考		日期	
加工开始	时　分	停工时间		加工时间		检测	日期
加工结束	时　分	停工原因		实际时间		评分	日期

4. 考核要点及加工工艺点评

（1）考核要点

1）使用刀具补偿控制零件尺寸公差。

2）铰孔。

3）岛屿的加工。

4）“R”功能在编程中的应用。

（2）加工工艺点评

1）安装工件前将机用平口虎钳利用百分表找正0.02 mm。

2）工件坐标系以工件中心为X0Y0，上表面为坐标系Z0。

3）找正工件坐标系时利用双边环表取中法确定。

4）加工工件外轮廓时，选择ϕ20 mm立铣刀进行加工，减少让刀。

5）使用粗、精加工的方法和坐标平移、刀具半径补偿的方法进行加工，保证工件的尺寸公差及表面粗糙度。

5. 参考程序

O0001（外轮廓）（ϕ20 mm立铣刀）	程序名称
G0G90G54X65Y－55	快速定位到指定位置
M3S350F60Z50	主轴正转快速趋近工件
Z5	接近工件
G1Z－5F100	铣削深度5 mm
G1G42D1X43	读取刀具半径补偿切入
Y－12.5，C5	C功能插补
X32.5	直线插补
G91G2J12.5Y25	增量铣圆弧
G1G90X43，C5	C功能插补
Y36.5，R8	R功能插补
X11，C0.5	C功能插补
Y31	直线插补
G91G02X－22I－11	增量铣圆弧
G90G01Y36.5，C0.5	C功能插补
G1X－43，R8	R功能插补
Y12.5，C5	C功能插补
X－32.5	直线插补
G91G02J－12.5Y－25	增量铣圆弧
G90G01X－43，C5	C功能插补
G1Y－36.5，R8	R功能插补

续表

O0001（外轮廓）（ϕ20 mm 立铣刀）	程序名称
X－11，C0.5	C 功能插补
Y－31	直线插补
G2X11I11	绝对铣圆弧
G1Y－36.5，C0.5	C 功能插补
X43，R8	R 功能插补
Y0	直线延伸
G1G40X65	取消刀具半径补偿
G0Z100	快速抬刀
M30	程序结束
O2（中心方孔）（ϕ10 mm 键槽铣刀）	程序名称
G0G90G54X0Y0	快速定位到指定位置
M3S500F30Z50	主轴正转快速移动到初始点
G0Z5	精镗孔循环
G1Z－5	铣削深度 5 mm
G1G42D1X16	读取刀具半径补偿
Y－12，R6	R 功能插补
X－16，R6	R 功能插补
Y12，R6	R 功能插补
X16，R6	R 功能插补
Y0	直线插补
G1G40X0Y0	取消刀具半径补偿
G0Z50	快速抬刀
M30	程序结束，光标返回程序头
O2（钻孔）	程序名称
G0G90G54X0Y0	快速定位到指定位置
M3S800F60Z50	主轴正转快速移动到初始点
G98G83R0Z－26Q2X32.5Y0	钻孔循环
X－32.5	加工下一个孔

续表

O2（钻孔）	程序名称
G80M5	取消固定循环，主轴停转
M30	程序结束，光标返回程序头

【试题 6】圆弧凹槽板

1. 准备要求

（1）安全文明生产准备

1）工作服、帽、鞋、防护镜穿戴整齐。

2）工位按“5S”或“6S”标准进行。

（2）机床设备准备

1）设备。数控铣床 XKA714。检查机床机、电、切削液、气压各部分安全可靠。

2）系统。FANUC 0i—M 系列或 SIEMENS802D、810D、828D。

说明：可结合实际情况，选择其他型号的数控铣床及数控系统。

（3）坯料准备

材料为 45 钢，毛坯的尺寸和形状如图 2—11 所示。

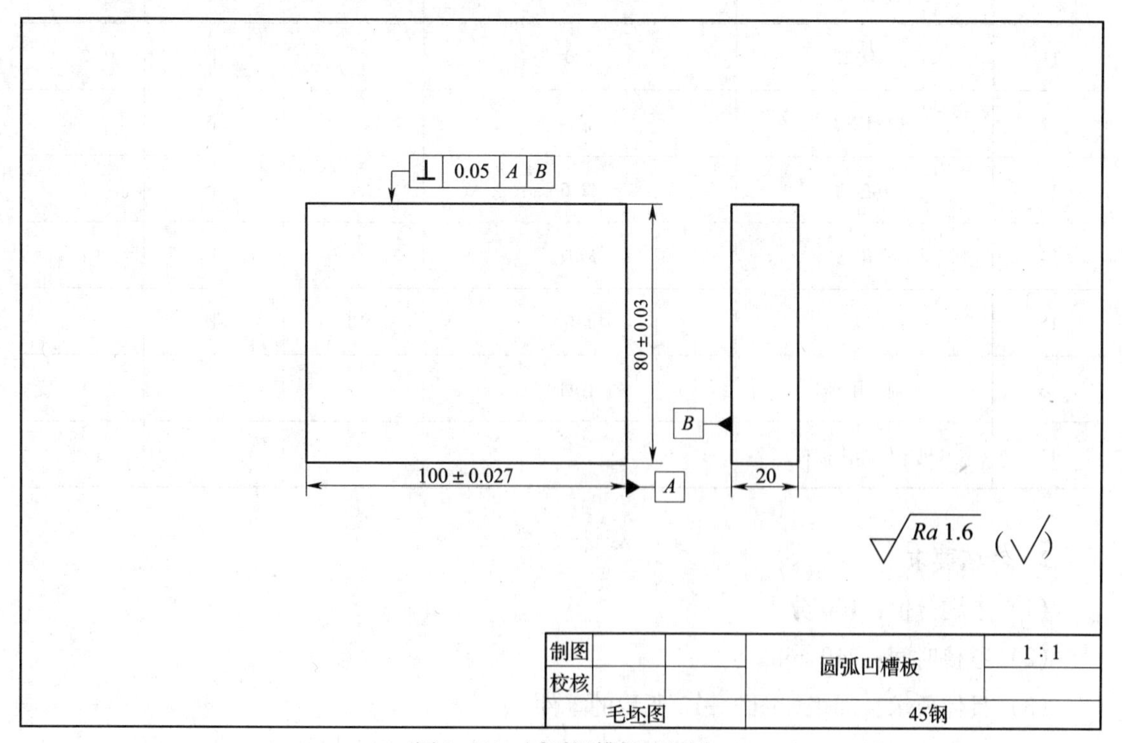

图 2—11　圆弧凹槽板毛坯图

（4）工、刃、量、辅具准备

序号	名称	规格	精度	单位	数量
1	寻边器	$\phi10$	0.002	个	1
2	Z 轴设定器	50	0.01	个	1
3	带表游标卡尺	1～150	O 01	把	1
4	深度游标卡尺	0～200	0.02	把	1
5	外径千分表	50～75、75～100	0.01	把	各1
6	杠杆百分表及表座	0～0.8	0.01	个	1
7	半径规	$R1$～$R65$、$R7$～$R145$		套	各1
8	粗糙度样板	$N0$～$N1$	12级	副	
9	塞规	$\phi10$	H8	个	
10	平行垫铁		高	副	若干
11	立铣刀	$\phi20$		个	2
12	键槽铣刀	$\phi8$		个	1
13	中心钻	$A2.5$		个	1
14	麻花钻	$\phi9.7$		个	1
15	铰刀	$\phi10$	H8	把	1
16	辅助用具	毛刷			1
17	机床保养用棉布				若干

2. 考核要求

（1）本题分值：100分

（2）考核时间：240 min。

（3）具体要求：加工如图2—12所示的零件。

（4）否定项说明。发生重大安全事故、严重违反操作规程者，取消考试。

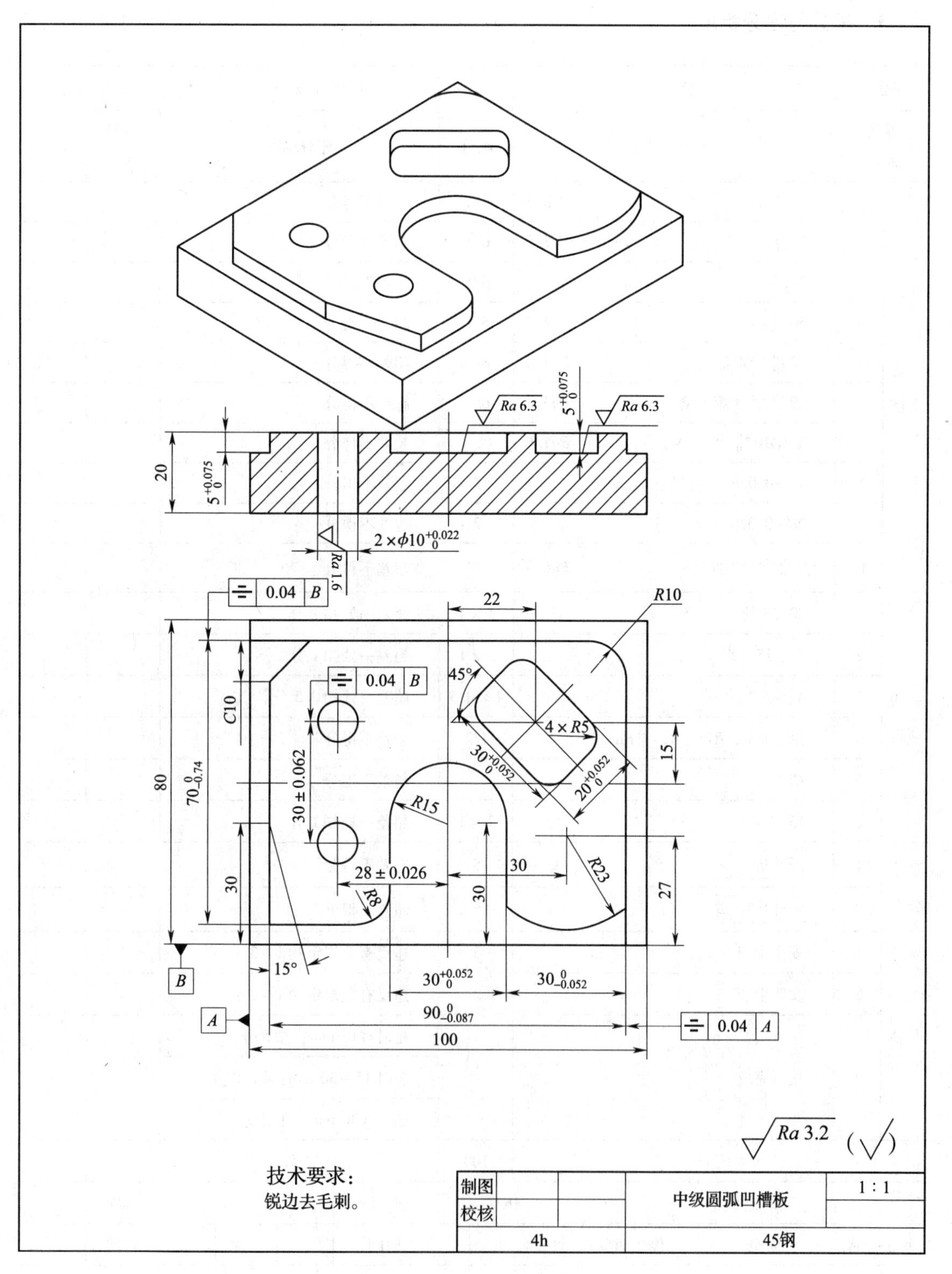

Ra 6.3
5 +0.075 0
Ra 6.3
20
5 +0.075 0
2×ϕ10 +0.022 0
Ra 1.6
0.04 B
22
R10
45°
0.04 B
C10
4×R5
15
80
70 0 −0.74
30±0.062
30 +0.052 0
20 +0.052 0
R15
30
R23
28±0.026
R8
30
30
27
15°
B
30 +0.052 0
30 0 −0.052
A
90 0 −0.087
0.04 A
100
Ra 3.2
技术要求：
锐边去毛刺。
制图
校核
中级圆弧凹槽板
1∶1
4h
45钢

图 2—12　圆弧凹槽板

3. 配分与评分标准

评分表		图号	×××	检测编号		
考核项目		考核要求	配分	评分标准	检测结果	得分
主要项目	1	$90_{-0.087}^{0}$　Ra3.2	6/1	超差不得分		
	2	$70_{-0.074}^{0}$　Ra3.2	6/1	超差不得分		
	3	$30_{0}^{+0.052}$　Ra3.2	6/1	超差不得分		
	4	$30_{-0.052}^{0}$　Ra3.2	6/1	超差不得分		
	5	$30_{0}^{+0.052}$矩形槽　Ra3.2	6/1	超差不得分		
	6	$20_{0}^{+0.052}$（矩形槽）　Ra3.2	6/1	超差不得分		
	7	$2\times\phi10_{0}^{+0.022}$　Ra1.6	12/4	超差不得分		
	8	30 ±0.026	2	超差不得分		
	9	28 ±0.026	2	超差不得分		
	10	$5_{0}^{+0.075}$（2处）　Ra6.3	5/1	超差不得分		
一般项目	1	30（3处）	3×1	超差一处扣1分		
	2	22、15、27	3×1	超差一处扣1分		
	3	4×R5	4×0.5	超差一处扣0.5分		
	4	R8、R10、R15、R23　Ra3.2	4/2	超差不得分		
	5	C10	1	超差不得分		
	6	15°、45°	2×1	超差一处扣1分		
形位公差	1	⌯ 0.04 A	5	超差不得分		
	2	⌯ 0.04 B	5	超差不得分		
其他	1	安全生产	3	违反有关规定扣1~3分		
	2	文明生产	2	违反有关规定扣1~2分		
	3	按时完成		超时≤15 min：扣5分		
				超时15~30 min：扣10分		
				超时>30 min：不计分		
总配分			100	总分		

工时定额			4h	监考			日期	
加工开始	时 分	停工时间		加工时间		检测	日期	
加工结束	时 分	停工原因		实际时间		评分	日期	

4. 考核要点及加工工艺点评

（1）考核要点

1）使用刀具补偿控制零件尺寸公差。

2）轮廓加工。

3）旋转指令的使用。

4）孔加工。

5）基点、节点的计算。

6）“R”功能在编程中的应用。

（2）加工工艺点评

1）安装工件前将机用平口虎钳利用百分表找正 0.02 mm。

2）工件坐标系以工件中心为 X0Y0，上表面为坐标系 Z0。

3）找正工件坐标系时利用双边环表取中法确定。

4）加工工件外轮廓时，选择 ϕ20 mm 立铣刀进行加工，减少让刀。

5）使用加大刀具半径补偿的方法去除残料。

6）使用粗、精加工的方法和坐标平移、刀具半径补偿的方法进行加工，保证工件的尺寸公差及表面粗糙度。

5. 参考程序

O1（外轮廓）（ϕ20 mm 立铣刀）	程序名称
G0G90G54X65Y－55	快速定位到指定位置
M3S350F60Z50	主轴正转快速趋近工件
Z5	快速接近工件
G1Z－5F100	铣削深度 5 mm
G1G42D1X45	建立刀具半径补偿切入工件
Y35，R10	R 功能插补
X－45，C10	C 功能插补
Y－10	直线插补
X－38.3Y－35	直线插补
X－15，R8	R 功能插补
Y－15	直线插补

续表

O1（外轮廓）（ϕ20 mm 立铣刀）	程序名称
G2X15J15	圆弧插补
X15Y-30.4	直线插补
G3X45R23	圆弧插补
Y40	直线插补
G1G40X65	取消刀具半径补偿
G0Z100	快速抬刀
M30	程序结束，光标返回程序头
O2（斜方）（ϕ8 mm 键槽铣刀）	程序名称
G0G90G54X22Y15	快速定位到指定位置
M3S1000F60Z50	主轴正转快速趋近工件
Z5	接近工件
G1Z-5F50	铣削深度 5 mm
G68X22Y15R-45	坐标旋转
G1G42D1X37F80	建立刀具半径补偿切入工件
G91Y10，R10	R 功能插补
X-30，R10	R 功能插补
Y-20，R10	R 功能插补
X30，R10	R 功能插补
Y0	直线插补
G1G40G90X22	取消刀具半径补偿
G0Z100	快速抬刀
M30	程序结束，光标返回程序头
O3（铰孔）	程序名称
G0G90G54X0Y0	快速定位到指定位置
M3S800F60Z50	主轴正转快速移动到初始点
G98G86R5Z-24X-28Y15	铰孔循环
Y-15	加工下一个孔

续表

O3（铰孔）	程序名称
G80M5	取消固定循环，主轴停转
M30	程序结束，光标返回程序头

【试题 7】型腔板

1. 准备要求

（1）安全文明生产准备

1）工作服、帽、鞋、防护镜穿戴整齐。

2）工位按“5S”或“6S”标准进行。

（2）机床设备准备

1）设备。数控铣床 XKA714。检查机床机、电、切削液、气压各部分安全可靠。

2）系统。FANUC 0i—M 系列或 SIEMENS802D、810D、828D。

说明：可结合实际情况，选择其他型号的数控铣床及数控系统。

（3）坯料准备

材料为 45 钢，毛坯的尺寸和形状如图 2—13 所示。

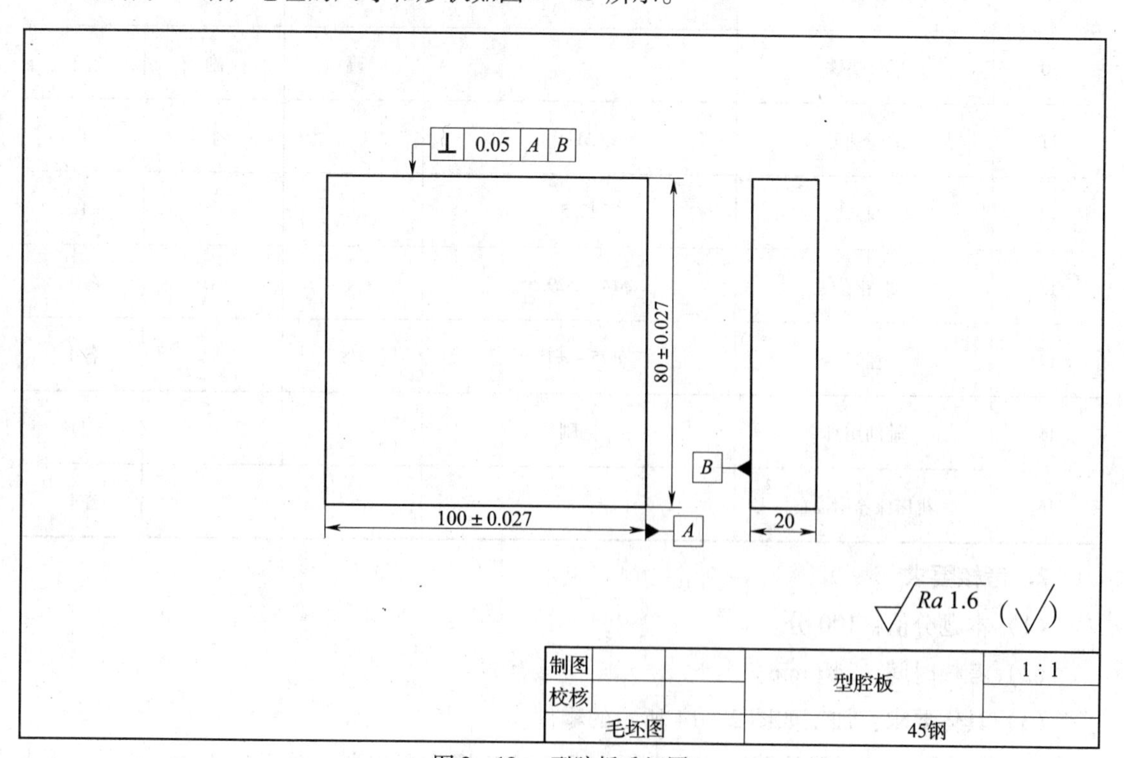

图 2—13　型腔板毛坯图

（4）工、刃、量、辅具准备

序号	名称	规格	精度	单位	数量
1	寻边器	$\phi10$	0. 002	个	1
2	*Z* 轴设定器	50	0. 01	个	1
3	带表游标卡尺	1 ~ 150	0. 01	把	1
4	深度游标卡尺	0 ~ 200	0. 02	把	1
5	外径千分表	50 ~ 75、75 ~ 100	0. 01	把	各 1
6	杠杆百分表及表座	0 ~ 0. 8	0. 01	个	1
7	半径规	*R*1 ~ *R*65、*R*7 ~ *R*145		套	各 1
8	粗糙度样板	*N*0 ~ *N*1	12 级	副	
9	塞规	$\phi10$	H8	个	
10	平行垫铁		高	副	若干
11	键槽铣刀	$\phi12$		个	1
12	中心钻	*A*2. 5		个	1
13	麻花钻	$\phi14$、$\phi29.5$		个	各 1
14	镗刀	$\phi25$ ~ $\phi35$	H8	把	各 1
15	辅助用具	毛刷			1
16	机床保养用棉布				若干

2. 考核要求

（1）本题分值：100 分。

（2）考核时间：240 min。

（3）具体要求：加工如图 2—14 所示的零件。

（4）否定项说明。发生重大安全事故、严重违反操作规程者，取消考试。

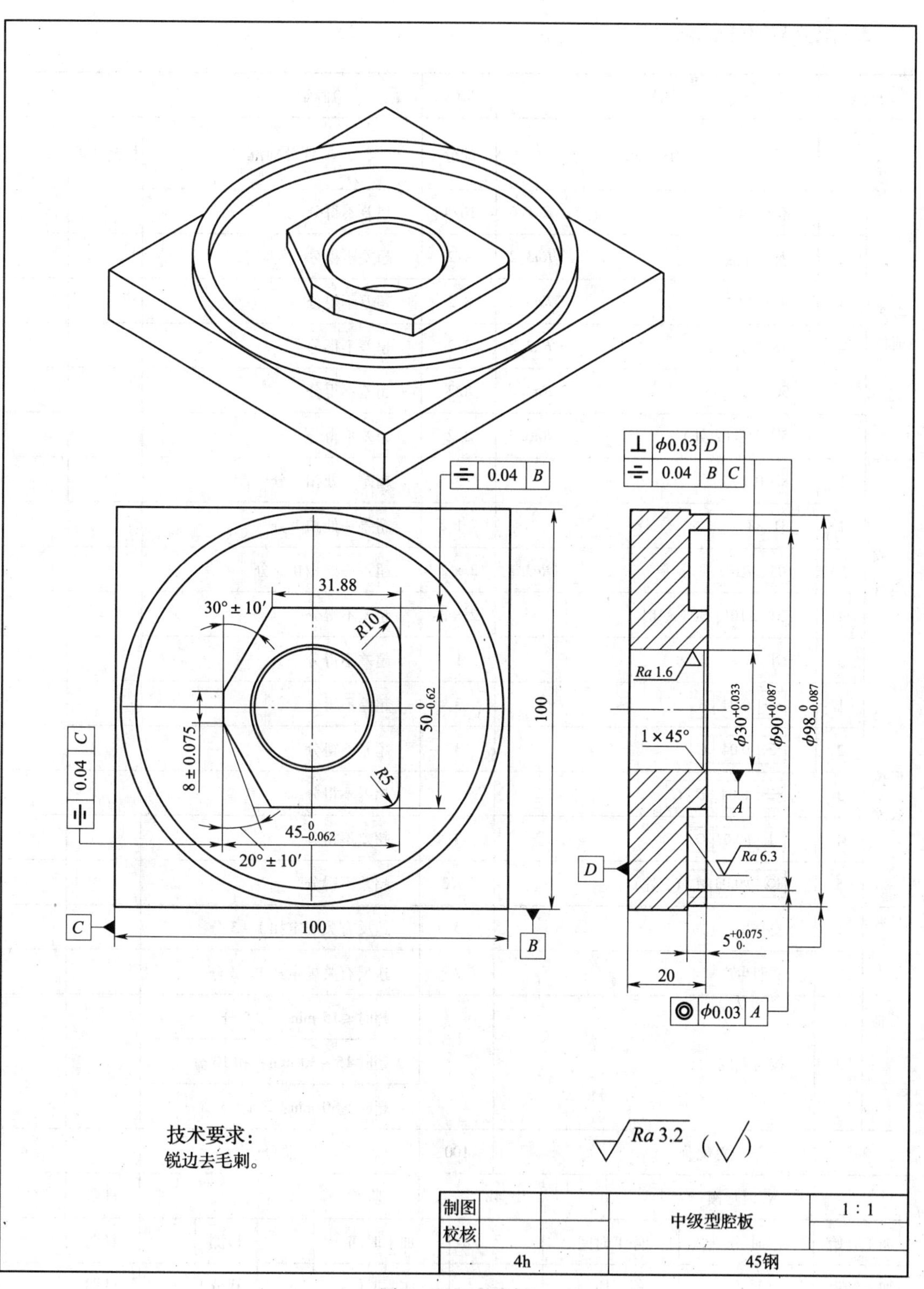
0.04 B
31.88
30° ± 10′
R10
8 ± 0.075
0.04 C
50$^{0}_{-0.62}$
100
R5
45$^{0}_{-0.062}$
20° ± 10′
C
100
B
⊥ ϕ0.03 D
0.04 B C
Ra 1.6
ϕ30$^{+0.033}_{0}$
ϕ90$^{+0.087}_{0}$
ϕ98$^{0}_{-0.087}$
1 × 45°
A
Ra 6.3
D
5$^{+0.075}_{0}$
20
ϕ0.03 A
技术要求：
锐边去毛刺。
Ra 3.2 (√)
制图
校核
中级型腔板
1 : 1
4h
45钢

图 2—14　型腔板

3. 配分与评分标准

评分表		图号	XXX	检测编号		
考核项目		考核要求	配分	评分标准	检测结果	得分
主要项目	1	$\phi 30^{+0.033}_{0}$　$Ra1.6$	10/4	超差不得分		
	2	$\phi 98^{0}_{-0.087}$　$Ra3.2$	8/2	超差不得分		
	3	$\phi 90^{+0.087}_{0}$　$Ra3.2$	8/2	超差不得分		
	4	$45^{0}_{-0.062}$　$Ra3.2$	8/2	超差不得分		
	5	$50^{0}_{-0.062}$　$Ra3.2$	8/2	超差不得分		
	6	$5^{+0.075}_{0}$（2处）　$Ra6.3$	8/2	超差不得分		
一般项目	1	8 ±0.075	3	超差一处扣1分		
	2	31.88	1	超差一处扣1分		
	3	$R5$、$R10$　$Ra3.2$	2×2	超差一处扣0.5分		
	4	20°±10′、30°±10′	2×2	超差不得分		
	5	$C1$	1	超差不得分		
形位公差	1	⌯ 0.04 B	3	超差不得分		
	2	⌯ 0.04 C	3	超差不得分		
	3	⌯ 0.04 B C	3	超差不得分		
	4	⊥ φ0.03 D	3	超差不得分		
	5	◎ φ0.03 A（2处）	2×3	超差不得分		
其他	1	安全生产	3	违反有关规定扣1~3分		
	2	文明生产	2	违反有关规定扣1~2分		
	3	按时完成		超时≤15 min：扣5分		
				超时15~30 min：扣10分		
				超时>30 min：不计分		
总配分			100	总分		

工时定额		4h		监考			日期	
加工开始	时 分	停工时间		加工时间		检测	日期	
加工结束	时 分	停工原因		实际时间		评分	日期	

4. 考核要点及加工工艺点评

（1）考核要点

1）使用刀具补偿控制零件尺寸公差。

2）型腔、岛屿的加工。

3）“R”功能在编程中的应用。

4）镗孔加工。

5）镗刀的半径调整。

（2）加工工艺点评

1）安装工件前将机用平口虎钳利用百分表找正 0.02 mm。

2）工件坐标系以工件中心为 X0Y0，上表面为坐标系 Z0。

3）找正工件坐标系时利用双边环表取中法确定。

4）加工工件外轮廓时，选择 ϕ20 mm 立铣刀进行加工，减少让刀。

5）镗孔的加工步骤：定心→钻孔→扩孔→半精镗→倒角→精镗。

6）使用粗、精加工的方法和坐标平移、刀具半径补偿的方法进行加工，保证工件的尺寸公差及表面粗糙度。

5. 参考程序

O2（ϕ12 mm 键槽铣刀）	程序名称
G0G90G54X65Y65	快速定位到指定位置
M3S350F60Z50	主轴正转快速趋近工件
Z5	接近工件
G1Z－5F40	切削深度 5 mm
G1G42D1X49F100	建立刀具半径补偿切入
Y0	直线插补
G3I－49	圆弧插补
G1Y65	直线插补
G1G40X65	取消刀具半径补偿
G0Z5	快速抬刀

续表

O2（ϕ12 mm 键槽铣刀）	程序名称
X29Y0	快速点定位
G1Z－5	切削深度 5 mm
G1G42D1X45	建立刀具半径补偿切入
G2I－45	圆弧插补
G1G40X29	取消刀具半径补偿
G1G42D1X22.5	建立刀具半径补偿切入
Y25，R10	R 功能编程
G91X－31.88	增量编程
G90X－22.5Y4	直线插补
Y－4	直线插补
X－14.857Y－25	直线插补
X22.5，R5	R 功能编程
Y0	直线插补
G1G40X22.5	取消刀具半径补偿
G0Z100	快速抬刀
M30	程序结束，光标返回程序头

O1（精镗孔程序，其余程序略）	程序名称
G0G90G54X0Y0	快速定位到指定位置
M3S500F30Z50	主轴正转快速移动到初始点
G98G76R5Z－23Q1000P1000	精镗孔循环
G80M5	取消固定循环，主轴停转
M30	程序结束，光标返回程序头

【试题 8】腰形槽底板

1. 准备要求

（1）安全文明生产准备

1）工作服、帽、鞋、防护镜穿戴整齐。

2）工位按“5S”或“6S”标准进行。

（2）机床设备准备

1）设备。数控铣床 XKA714。检查机床机、电、切削液、气压各部分安全可靠。

2）系统。FANUC 0i—M 系列或 SIEMENS802D、810D、828D。

说明：可结合实际情况，选择其他型号的数控铣床及数控系统。

（3）坯料准备

材料为 45 钢，毛坯的尺寸和形状如图 2—15 所示。

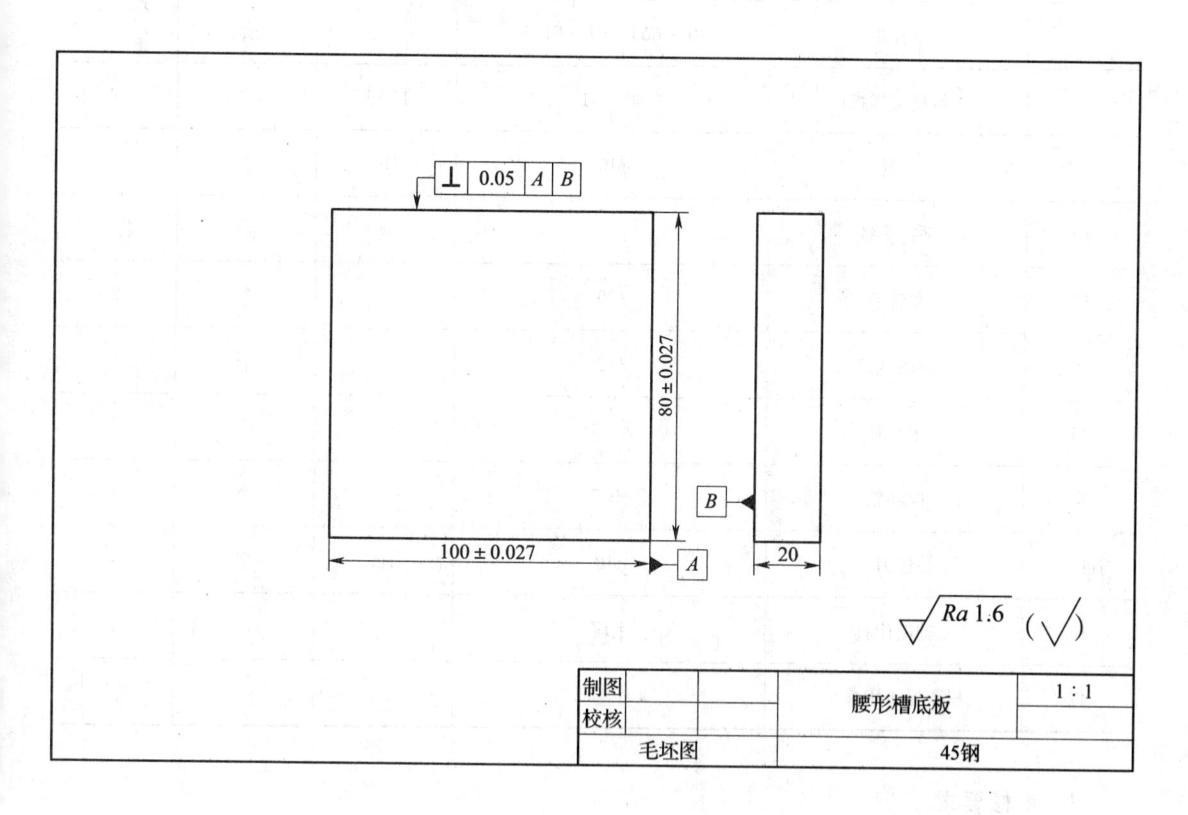

图 2—15 腰形槽底板毛坯图

（4）工、刃、量、辅具准备

序号	名称	规格	精度	单位	数量
1	寻边器	ϕ10	0.002	个	1
2	Z 轴设定器	50	0.01	个	1
3	带表游标卡尺	1 ~ 150	0 01	把	1
4	深度游标卡尺	0 ~ 200	0.02	把	1
5	外径千分表	50 ~ 75、75 ~ 100	0.01	把	各 1
6	杠杆百分表及表座	0 ~ 0.8	0.01	个	1
7	半径规	R1 ~ R65、R7 ~ R145		套	各 1
8	粗糙度样板	N0 ~ N1	12 级	副	
9	塞规	ϕ10	H8	个	
10	平行垫铁		高	副	若干
11	立铣刀	ϕ20		个	2
12	键槽铣刀	ϕ12		个	1
13	中心钻	A2.5		个	1
14	麻花钻	ϕ9.7		个	1
15	铰刀	ϕ10	H8	把	1
16	辅助用具	毛刷			1
17	机床保养用棉布				若干

2. 考核要求

（1）本题分值：100 分。

（2）考核时间：240 min。

（3）具体要求：加工如图 2—16 所示的零件。

（4）否定项说明。发生重大安全事故、严重违反操作规程者，取消考试。

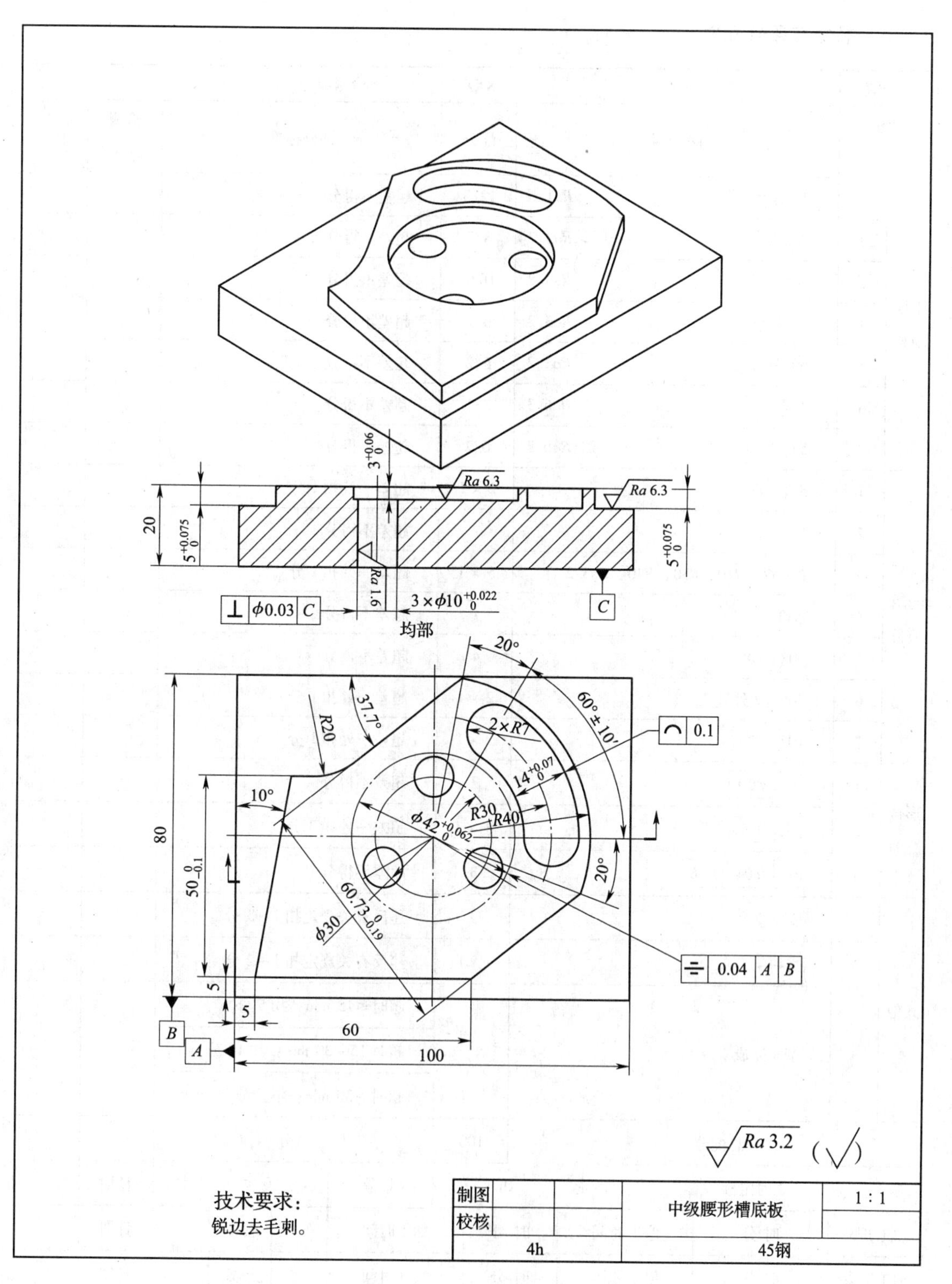

$3^{+0.06}_{0}$
Ra 6.3
Ra 6.3
20
$5^{+0.075}_{0}$
$5^{+0.075}_{0}$
Ra 1.6
⊥ ϕ0.03 C
$3\times\phi10^{+0.022}_{0}$
均部
C
20°
37.7°
R20
60°±10′
2×R7
⌒ 0.1
$14^{+0.07}_{0}$
10°
R30
R40
$\phi42^{+0.062}_{0}$
80
$50^{0}_{-0.1}$
20°
$60.73^{0}_{-0.19}$
ϕ30
⌯ 0.04 A B
5
5
B
A
60
100
Ra 3.2 (√)
技术要求：
锐边去毛刺。
制图
校核
中级腰形槽底板
1∶1
4h
45钢

图 2—16　腰形槽底板

3. 配分与评分标准

评分表		图号	XXX	检测编号		
考核项目		考核要求	配分	评分标准	检测结果	得分
主要项目	1	$3-\phi10^{+0.022}_{0}$　$Ra1.6$	12/3	超差不得分		
	2	$\phi42^{+0.062}_{0}$　$Ra3.2$	8/2	超差不得分		
	3	$14^{+0.07}_{0}$　$Ra3.2$	10/2	超差不得分		
	4	$50^{0}_{-0.10}$　$Ra3.2$	5/2	超差不得分		
	5	$60.73^{0}_{-0.19}$　$Ra3.2$	5/2	超差不得分		
	6	$3^{+0.06}_{0}$　$Ra6.3$	3/1	超差不得分		
	7	$5^{+0.075}_{0}$（2处）　$Ra6.3$	6/2	超差不得分		
一般项目	1	5（2处）	2×1	超差一处扣1分		
	2	60	1	超差不得分		
	3	2×$R7$、$R20$、$R30$、$R40$、$Ra3.2$	5×1	超差一处扣1分		
	4	$\phi30$	1	超差不得分		
	5	60°±10′	4	超差不得分		
	6	20°（2处）	2×1	超差一处扣1分		
	7	10°、37.7°	2×1	超差一处扣1分		
形位公差	1	⌒ $\phi0.1$	3	超差不得分		
	2	⊥ $\phi0.03$ C	3×3	超差一处扣3分		
	3	⌯ 0.04 A B	3	超差不得分		
其他	1	安全生产	3	违反有关规定扣1~3分		
	2	文明生产	2	违反有关规定扣1~2分		
	3	按时完成		超时≤15 min：扣5分 超时15~30 min：扣10分 超时>30 min：不计分		
总配分			100	总分		

工时定额		4h		监考		日期	
加工开始	时 分	停工时间	时 分	加工时间		检测	日期
加工结束	时 分	停工原因	时 分	实际时间		评分	日期

4. 考核要点及加工工艺点评

（1）考核要点

1）使用刀具补偿控制零件尺寸公差。

2）外轮廓的加工。

3）基点、节点的计算。

4）腰槽的加工。

5）孔加工。

（2）加工工艺点评

1）安装工件前将机用平口虎钳利用百分表找正 0.02 mm。

2）工件坐标系以工件中心为 X0Y0，上表面为坐标系 Z0。

3）找正工件坐标系时利用双边环表取中法确定。

4）使用极坐标方式计算点位钻孔。

5）加工工件外轮廓时，选择 ϕ20 mm 立铣刀进行加工，减少让刀。

6）使用粗、精加工的方法和刀具半径补偿的方法进行加工，保证工件的尺寸公差及表面粗糙度。

5. 参考程序

O1（轮廓）（ϕ20 mm 立铣刀）	程序名称
G0G90G54X－65Y55	快速定位到指定位置
M3S350F60Z50	主轴正转快速趋近工件
Z5	接近工件
G1Z－5F100	铣削深度 5 mm
G1G42D1Y－35	刀具半径补偿切入
X10	直线插补
X37.6Y－13.7	直线插补
G3X6.9Y39.4R40	圆弧插补
G1X－19.2Y19.2	直线插补
G2X－31.4Y15R20	圆弧插补
G1X－36.2Y15	直线插补
X－45Y35	直线插补
G40Y－55	取消刀补
G0Z100	快速抬刀
M30	程序结束，光标返回程序头

续表

O2（42 凹圆）（ϕ20 mm 立铣刀）	程序名称
G0G90G54X0Y0	快速定位到指定位置
M3S350F60Z50	主轴正转快速趋近工件
Z5	接近工件
G1Z0F100	铣削深度 5 mm
G1G42D1X21	刀具半径补偿切入
M98P30003	调用子程序
G2I－21	圆弧插补
G1G40X0Y0	取消刀具半径补偿
G0Z100	快速抬刀
M30	程序结束，光标返回程序头
O3	子程序
G91G02I－21Z－1	螺旋插补
G90	返回绝对方式
M99	返回主程序
O4（腰槽）（ϕ12 mm 键槽铣刀）	程序名称
G0G90G54X30Y0	快速定位到指定位置
M3S800F60Z50	主轴正转快速趋近工件
Z5	接近工件
G1Z－5F100	铣削深度 5 mm
G1G42D1X23	刀具半径补偿切入
G3X11.5Y19.9R23	逆时针圆弧插补
G2X18.5Y32R7	顺时针圆弧插补
G2X37Y0R37	顺时针圆弧插补
G2X23Y0R7	顺时针圆弧插补
G1G40X30	取消刀补
G0Z100	快速抬刀
M30	程序结束，光标返回程序头
O5（精镗孔程序，其余程序略）	程序名称
G0G90G54X0Y0	快速定位到指定位置
M3S500F30Z50	主轴正转快速移动到初始点
G98G16G83R0Q2Z－25X15Y90	极坐标方式钻孔
G91Y120	角度增量 120°
G91Y120	角度增量 120°

续表

O5（精镗孔程序，其余程序略）	程序名称
G15G80M5	取消固定循环，主轴停转
M30	程序结束，光标返回程序头

【**试题 9**】键槽端盖底板

1. 准备要求

（1）安全文明生产准备

1）工作服、帽、鞋、防护镜穿戴整齐。

2）工位按“5S”或“6S”标准进行。

（2）机床设备准备

1）设备。数控铣床 XKA714。检查机床机、电、切削液、气压各部分安全可靠。

2）系统。FANUC 0i—M 系列或 SIEMENS802D、810D、828D。

说明：可结合实际情况，选择其他型号的数控铣床及数控系统。

（3）坯料准备

材料为 45 钢，毛坯的尺寸和形状如图 2—17 所示。

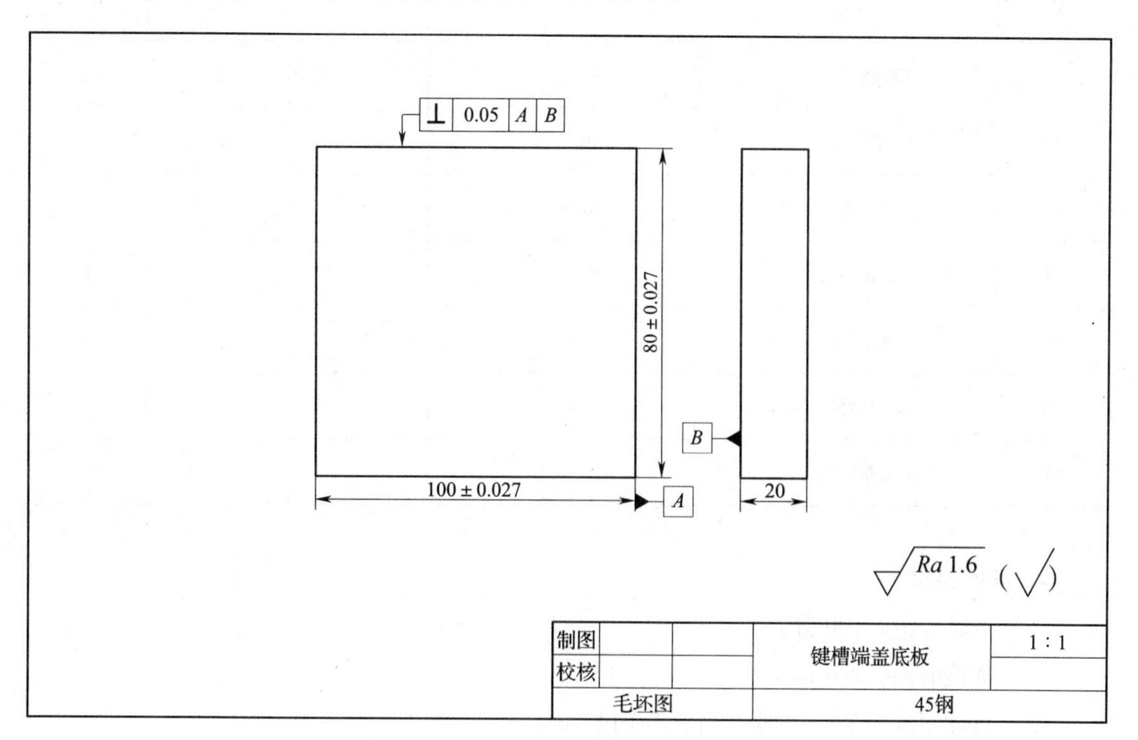

图 2—17　键槽端盖底板毛坯图

（4）工、刃、量、辅具准备

序号	名称	规格	精度	单位	数量
1	寻边器	ϕ10	0.002	个	1
2	Z 轴设定器	50	0.01	个	1
3	带表游标卡尺	1～150	0 01	把	1
4	深度游标卡尺	0～200	0.02	把	1
5	外径千分表	50～75、75～100	0.01	把	各 1
6	杠杆百分表及表座	0～0.8	0.01	个	1
7	半径规	R1～R65、R7～R145		套	各 1
8	粗糙度样板	N0～N1	12 级	副	
9	塞规	ϕ10	H8	个	
10	平行垫铁		高	副	若干
11	键槽铣刀	ϕ10		个	2
12	键槽铣刀	ϕ8		个	1
13	中心钻	A2.5		个	1
14	麻花钻	ϕ9.7		个	1
15	铰刀	ϕ10	H8	把	1
16	辅助用具	毛刷			1
17	机床保养用棉布				若干

2. 考核要求

（1）本题分值：100 分。

（2）考核时间：240 min。

（3）具体要求：加工如图 2—18 所示的零件。

（4）否定项说明。发生重大安全事故、严重违反操作规程者，取消考试。

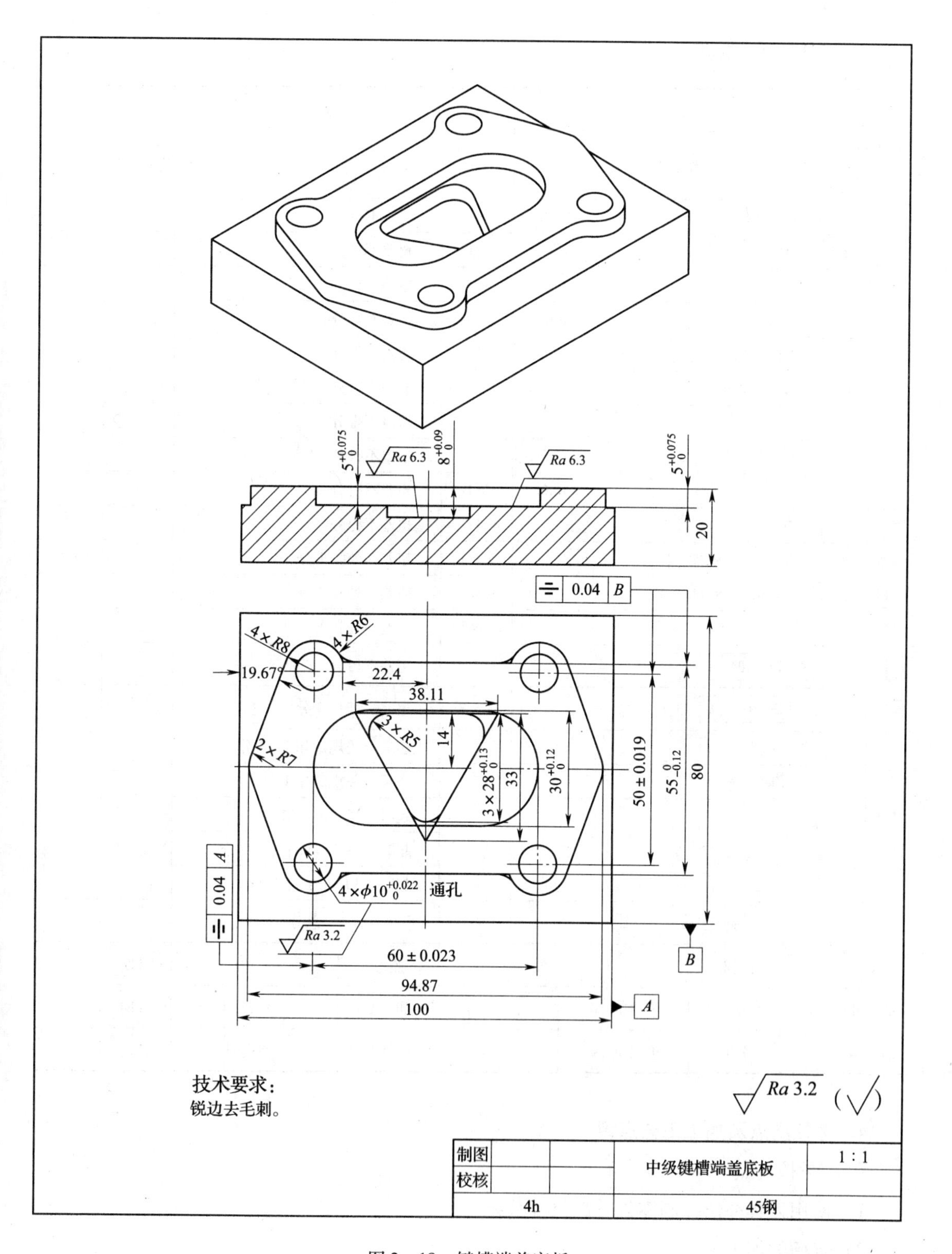

$5^{+0.075}_{0}$
$8^{+0.09}_{0}$
Ra 6.3
Ra 6.3
$5^{+0.075}_{0}$
20
0.04 B
4×R8
4×R6
19.67°
22.4
38.11
3×R5
14
2×R7
$3\times28^{+0.13}_{0}$
33
$30^{+0.12}_{0}$
50±0.019
$55^{0}_{-0.12}$
80
A
0.04
$4\times\phi10^{+0.022}_{0}$ 通孔
Ra 3.2
60±0.023
94.87
100
B
A
技术要求：
锐边去毛刺。
Ra 3.2 (√)
制图
校核
中级键槽端盖底板
1∶1
4h
45钢

图 2—18　键槽端盖底板

3. 配分与评分标准

评分表	图号		XXX	检测编号		
考核项目		考核要求	配分	评分标准	检测结果	得分
主要项目	1	$4-\phi10^{+0.022}_{0}$　*Ra*1.6	16/8	超差不得分		
	2	$30^{+0.052}_{0}$　*Ra*3.2	6/1	超差不得分		
	3	$60^{+0.012}_{0}$　*Ra*3.2	4/1	超差不得分		
	4	$3\times28^{+0.13}_{0}$　*Ra*3.2	9/3	超差不得分		
	5	60 ± 0.023	2	超差不得分		
	6	50 ± 0.019	2	超差不得分		
	7	$55^{0}_{+0.12}$　*Ra*3.2	3/1	超差不得分		
	8	$5^{+0.075}_{0}$（2处）　*Ra*6.3	4/2	超差不得分		
	9	$8^{+0.09}_{0}$　*Ra*6.3	2/1	超差不得分		
一般项目	1	14	1	超差不得分		
	2	2×*R*7、3×*R*5	5×1	超差一处扣1分		
	3	4×*R*6、4×*R*8	8×1	超差一处扣1分		
	4	19.67°（4处）	4×1	超差一处扣1分		
形位公差	1	⌯ 0.04 *A*	3	超差不得分		
	2	⌯ 0.04 *B*（3处）	3×3	超差一处扣3分		
其他	1	安全生产	3	违反有关规定扣1~3分		
	2	文明生产	2	违反有关规定扣1~2分		
	3	按时完成		超时≤15 min：扣5分		
				超时15~30 min：扣10分		
				超时>30 min：不计分		
总配分			100	总分		

工时定额			4h		监考			日期	
加工开始	时 分	停工时间		加工时间		检测		日期	
加工结束	时 分	停工原因		实际时间		评分		日期	

4. 考核要点及加工工艺点评

（1）考核要点

1）使用刀具补偿控制零件轮廓尺寸公差。

2）键槽的加工。

3）“R”功能在编程中的应用。

4）铰孔加工。

（2）加工工艺点评

1）安装工件前将机用平口虎钳利用百分表找正0.02 mm。

2）工件坐标系以工件中心为X0Y0，上表面为坐标系Z0。

3）找正工件坐标系时利用双边环表取中法确定。

4）加工工件外轮廓时，选择ϕ20 mm立铣刀进行加工，减少让刀。

5）使用粗、精加工的方法和坐标平移、刀具半径补偿的方法进行加工，保证工件的尺寸公差及表面粗糙度。

5．参考程序

O1（轮廓）（ϕ10 mm键槽铣刀）	程序名称
G0G90G54X18.876Y－55	快速定位到指定位置
M3S800F60Z50	主轴正转快速趋近工件
Z5	接近工件
G1Z－5F100	铣削深度5 mm
G1G42D1Y27.5	刀具半径补偿切入
G2X23.643Y－29.857R6	圆弧插补
G3X37.491Y－27.807R8	圆弧插补
G1X47.91Y0，R7	R功能圆弧插补
X37.491Y27.807	直线插补
G3X23.643Y29.857R8	圆弧插补
G2X18.876Y27.5R6	圆弧插补
G1X－18.9	直线插补
G2X－23.643Y29.857R6	圆弧插补
G3X－37.491Y27.807R8	圆弧插补
G1X47.91Y0，R7	R功能圆弧插补
X－37.491Y－27.807	直线插补
G3X－23.643Y－29.857R8	圆弧插补
G2X－18.876Y－27.5R6	圆弧插补
G1X0	直线插补
G40Y－55	取消刀补
G0Z100	快速抬刀
M30	程序结束，光标返回程序头

续表

O2（键槽）（ϕ10 mm 键槽铣刀）	程序名称
G0G90G54X15Y0	快速定位到指定位置
M3S800F60Z50	主轴正转快速趋近工件
Z5	接近工件
G1Z－5	铣削深度 5 mm
G1G42D1Y15F100	刀具半径补偿切入
G2Y－15J－15	圆弧插补
G1X－15	直线插补
G2Y15J15	圆弧插补
G1X15	直线插补
G1G40Y0	取消刀补
X0	直线插补
G0Z100	快速抬刀
M30	程序结束，光标返回程序头
O4（三角凹槽）（ϕ8 mm 键槽铣刀）	程序名称
G0G90G54X0Y0	快速定位到指定位置
M3S1000F40Z50	主轴正转快速趋近工件
Z5	接近工件
G1Z－5	铣削深度 5 mm
G1G42D1Y14F100	刀具半径补偿切入
X19.055，R5	R 功能圆弧插补
X0Y－19，R5	R 功能圆弧插补
X－19.055Y14	直线插补
X0	直线插补
G1G40Y0	取消刀补
G0Z100	快速抬刀
M30	程序结束，光标返回程序头
O5（铰孔程序，其余程序略）	程序名称
G0G90G54X30Y25	快速定位到指定位置
M3S100F120Z50	主轴正转快速移动到初始点
G98G86R5Z－25	极坐标方式钻孔
Y－25	孔位置
X－30	孔位置
Y25	孔位置

续表

O5（铰孔程序，其余程序略）	程序名称
G80M5	取消固定循环，主轴停转
M30	程序结束，光标返回程序头

【**试题10**】泵体端盖底板

1. 准备要求

（1）安全文明生产准备

1）工作服、帽、鞋、防护镜穿戴整齐。

2）工位按“5S”或“6S”标准进行。

（2）机床设备准备

1）设备。数控铣床XKA714。检查机床机、电、切削液、气压各部分安全可靠。

2）系统。FANUC 0i—M系列或SIEMENS802D、810D、828D。

说明：可结合实际情况，选择其他型号的数控铣床及数控系统。

（3）坯料准备。

材料为45钢，毛坯的尺寸和形状如图2—19所示。

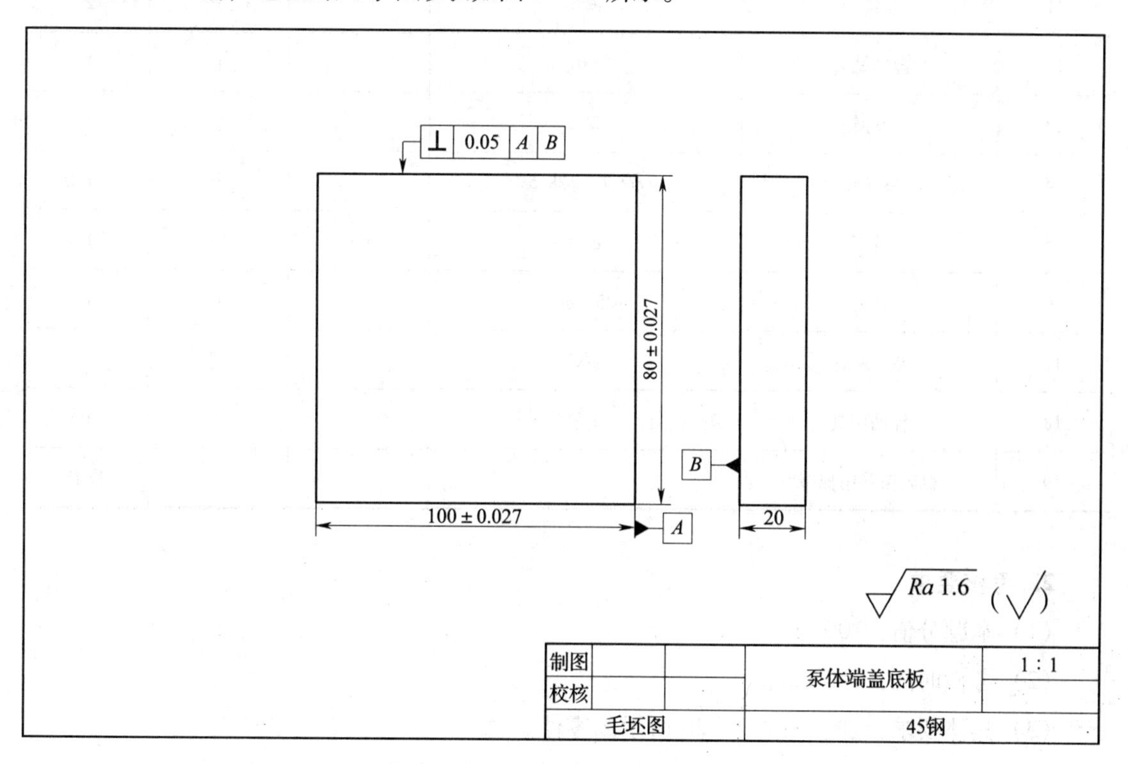

图2—19　泵体端盖底板毛坯图

（4）工、刃、量、辅具准备

序号	名称	规格	精度	单位	数量
1	寻边器	$\phi10$	0.002	个	1
2	Z 轴设定器	50	0.01	个	1
3	带表游标卡尺	1～150	0.01	把	1
4	深度游标卡尺	0～200	0.02	把	1
5	外径千分表	50～75、75～100	0.01	把	各1
6	杠杆百分表及表座	0～0.8	0.01	个	1
7	半径规	$R1$～$R65$、$R7$～$R145$		套	各1
8	粗糙度样板	$N0$～$N1$	12级	副	
9	塞规	$\phi10$	H8	个	
10	平行垫铁		高	副	若干
11	立铣刀	$\phi20$		个	2
12	键槽铣刀	$\phi10$		个	1
13	中心钻	$A2.5$		个	1
14	麻花钻	$\phi9.7$、$\phi28.5$		个	1
15	铰刀	$\phi10$	H8	把	1
16	镗刀	$\phi25$～$\phi38$		把	1
17	90°锪钻	$\phi35$		把	1
18	辅助用具	毛刷			1
19	机床保养用棉布				若干

2. 考核要求

（1）本题分值：100分。

（2）考核时间：240 min。

（3）具体要求：加工如图2—20所示的零件。

（4）否定项说明。发生重大安全事故、严重违反操作规程者，取消考试。

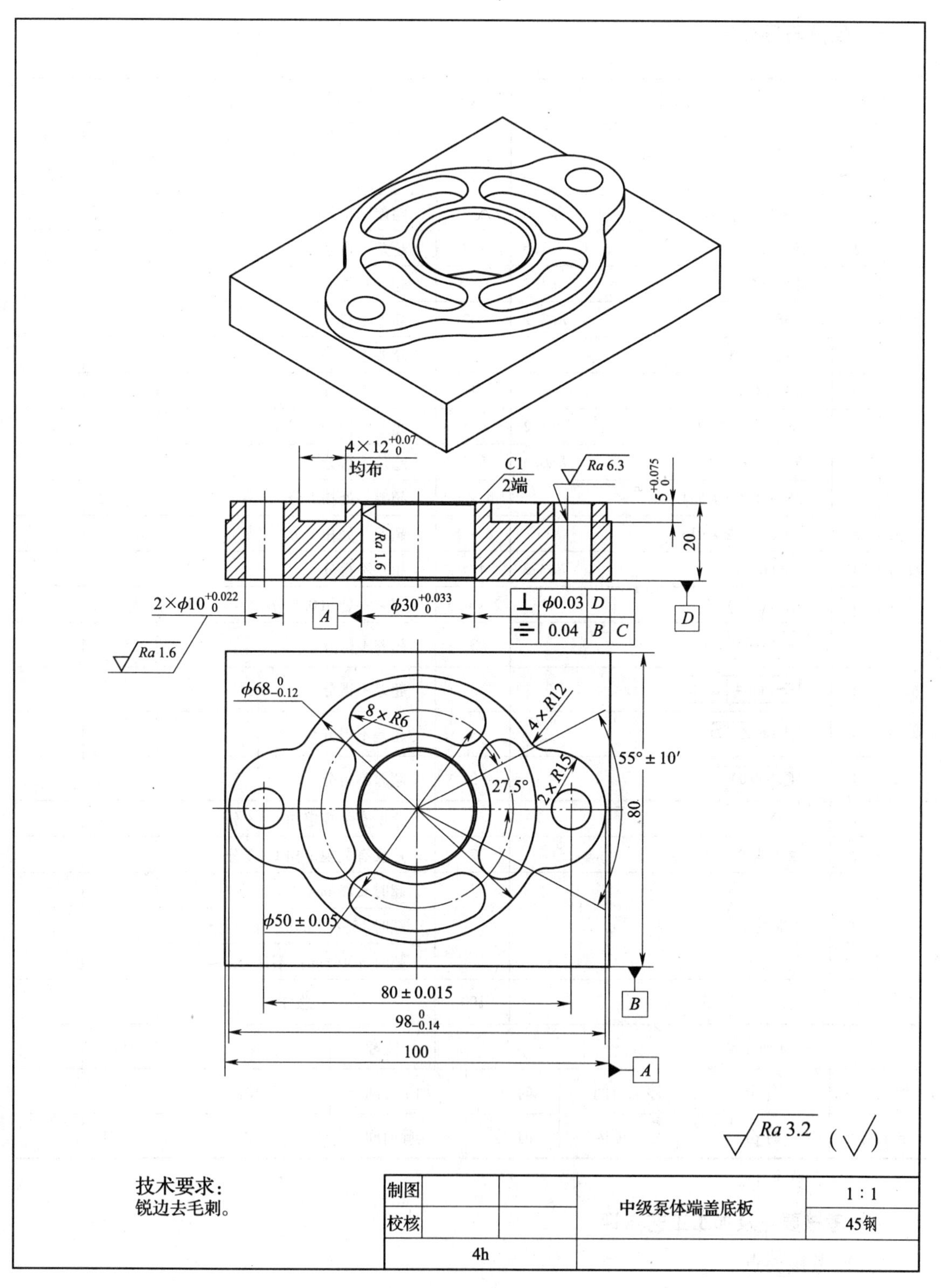
4×12 +0.07 0
均布
C1
2端
Ra 6.3
5 +0.075 0
20
Ra 1.6
2×φ10 +0.022 0
Ra 1.6
A
φ30 +0.033 0
⊥ φ0.03 D
⌯ 0.04 B C
D
φ68 0 -0.12
8×R6
4×R12
2×R15
55°±10′
27.5°
80
φ50±0.05
B
80±0.015
98 0 -0.14
100
A
Ra 3.2 (√)
技术要求：
锐边去毛刺。
制图
校核
4h
中级泵体端盖底板
1：1
45钢

图 2—20　泵体端盖底板

3. 配分与评分标准

评分表		图号	XXX	检测编号		
考核项目		考核要求	配分	评分标准	检测结果	得分
主要项目	1	$2\times\phi10^{+0.022}_{0}$　$Ra1.6$	8/2	超差不得分		
	2	$\phi30^{+0.033}_{0}$　$Ra1.6$	8/2	超差不得分		
	3	$4\times12^{+0.07}_{0}$　$Ra3.2$	16/4	超差不得分		
	4	$\phi68^{0}_{+0.12}$　$Ra3.2$	6/2	超差不得分		
	5	80 ± 0.015	2	超差不得分		
	6	$\phi50\pm0.05$	2	超差不得分		
	7	$98^{0}_{-0.14}$　$Ra3.2$	4/1	超差不得分		
	8	$5^{+0.075}_{0}$（2处）　$Ra6.3$	5/2	超差不得分		
一般项目	1	$55°\pm10'$（4处）	4×1	超差一处扣1分		
	2	$4\times R12$、$2\times R15$	6×1	超差一处扣1分		
	3	$8\times R6$　$Ra3.2$	4/4	超差不得分		
	4	C1（2处）	2×0.5	超差一处扣0.5分		
形位公差	1	⌯ 0.04 C	3	超差不得分		
	2	⌯ 0.04 B C	3	超差不得分		
	3	⊥ ϕ0.03 D	3	超差不得分		
	4	◎ ϕ0.03 A	3	超差不得分		
其他	1	安全生产	3	违反有关规定扣1~3分		
	2	文明生产	2	违反有关规定扣1~2分		
	3	按时完成		超时≤15 min：扣5分 超时15~30 min：扣10分 超时>30 min：不计分		
总配分			100	总分		

工时定额			4h	监考			日期	
加工开始	时 分	停工时间	时 分	加工时间		检测	日期	
加工结束	时 分	停工原因	时 分	实际时间		评分	日期	

4. 考核要点及加工工艺点评

（1）考核要点

1）使用刀具补偿控制零件轮廓尺寸公差。

2）镗孔加工。

3）旋转指令、子程序的使用。

4）铰孔加工。

（2）加工工艺点评

1）安装工件前将机用平口虎钳利用百分表找正 0.02 mm。

2）工件坐标系以工件中心为 X0Y0，上表面为坐标系 Z0。

3）找正工件坐标系时利用双边环表取中法确定。

4）加工工件外轮廓时，选择 ϕ20 mm 立铣刀进行加工，减少让刀。

5）使用粗、精加工的方法和坐标平移、刀具半径补偿的方法进行加工，保证工件的尺寸公差及表面粗糙度。

5. 参考程序

O1（轮廓）（ϕ20 mm 立铣刀）	程序名称
G0G90G54X－35.887Y－55	快速定位到指定位置
M3S350F60Z50	主轴正转快速趋近工件
Z5	接近工件
G1Z－5F100	铣削深度 5 mm
G1G42D1Y－14.881	刀具半径补偿切入
G2X－27.641Y－19.798R12	顺时针圆弧插补
G3X27.641R34	逆时针圆弧插补
G2X35.887Y－14.881R12	顺时针圆弧插补
G3X35.887Y14.881R15	逆时针圆弧插补
G2X27.641Y19.798R12	顺时针圆弧插补
G3X－27.641R34	逆时针圆弧插补
G2X－35.887Y14.881R12	顺时针圆弧插补
G3Y－14.88R15	逆时针圆弧插补
G1G40Y－55	取消刀补
G0Z100	快速抬刀
M30	程序结束，光标返回程序头

O2（4 腰槽）（ϕ10 mm 键槽铣刀）	程序名称
G0G90G54X0Y0	快速定位到指定位置
M3S350F60Z50	主轴正转快速趋近工件

续表

O2（4 腰槽）（ϕ10 mm 键槽铣刀）	程序名称
Z5	接近工件
M98P3	调用子程序
G68X0Y0R90	坐标旋转
M98P3	调用子程序
G69	取消旋转
G68X0Y0R90	坐标旋转
M98P3	调用子程序
G69	取消旋转
G68X0Y0R90	坐标旋转
M98P3	调用子程序
G69	取消旋转
G0Z100	快速抬刀
M30	程序结束，光标返回程序头
O3	子程序
G0X11.544Y22.175	快速点定位
Z5	趋近工件
G1Z-5F60	切削深度 5mm
G1G42D1X14.314Y27.497F100	刀具右补偿切入
G2X8.773Y16.853R6	顺时针圆弧插补
G3X-8.773R19	逆时针圆弧插补
G2X-14.314Y27.497R6	顺时针圆弧插补
G2X14.314R31	顺时针圆弧插补
G1G40X11.544Y22.175	取消刀补
G0Z5	快速抬刀
M99	返回主程序

O1（精镗孔程序，其余程序略）	程序名称
G0G90G54X0Y0	快速定位到指定位置
M3S500F30Z50	主轴正转快速移动到初始点
G98G76R5Z-23Q1000P1000	精镗孔循环

续表

O1（精镗孔程序，其余程序略）	程序名称
G80M5	取消固定循环，主轴停转
M30	程序结束，光标返回程序头

O5（铰孔程序，其余程序略）	程序名称
G0G90G54X40Y0	快速定位到指定位置
M3S100F120Z50	主轴正转快速移动到初始点
G98G86R5Z－25	极坐标方式钻孔
X－40	角度增量120°
G80M5	取消固定循环，主轴停转
M30	程序结束，光标返回程序头

第三部分　模拟试卷

理论知识考核模拟试卷1

一、单项选择题（第1题~第80题。选择一个正确的答案，将相应的字母填入题内的括号中。每题1分，满分80分。）

1. 什么是道德？正确的解释是（　　）。

A. 人的技术水平　　B. 人的工作能力

C. 人的行为规范　　D. 人的交往能力

2. 企业加强职业道德建设，关键是（　　）。

A. 树立企业形象　　B. 领导以身作则

C. 抓好职工教育　　D. 健全规章制度

3. 企业要做到文明生产，必须做到（　　）。

A. 开展职业技术教育　　B. 提高产品质量

C. 做好产品售后服务　　D. 提高职业道德素质

4. 数控即数字控制，是（　　）控制的简称。

A. 伺服　　B. 数字程序　　C. 数字信息　　D. 驱动

5. 机床数控是通过加工程序编制工作，将其数控指令以（　　）的方式记录在信息介质上，经输入计算机处理后，来实现自动控制的一门技术。

A. 自动控制　　B. 工艺制定严密　　C. 数字信息管理　　D. 按指令操作

6. 数控机床有三大部分组成：机床主体、数控装置和（　　）。

A. 伺服机构　　B. 数字信息　　C. 输入装置　　D. 检测装置

7. 数控装置将所接收的信号进行处理后，再将其处理结果以（　　）的形式向伺服系统发出执行的命令。

A. 数字信息　　B. 数控装置　　C. 脉冲信号　　D. 控制指令

8. 伺服系统接到指令后，通过执行电动机驱动机床进给机构按照（　　）的要求位移，来自动完成加工。

A. 控制 B. 操作 C. 信息 D. 指令

9. 经济型数控铣床的特点是：采用由步进电机驱动的（ ）伺服系统。

A. 闭环 B. 开环 C. 半开环 D. 全开环

10. 伺服单元是数控系统和车床本体的联系环节，它能将来自数控装置的微弱指令（ ），放大成控制驱动装置的大功率信号。

A. 监控 B. 程序 C. 控制 D. 信息

11. 可编程控制器 PC（Programmable Controller）是以微处理器为基础的（ ）型自动控制装置。

A. 单一 B. 通用 C. 专业 D. 信息

12. 数控系统的主要功能有：多坐标控制、插补、进给、主轴、刀具、刀具补偿、机械误差补偿、操作、程序管理、图形显示、辅助编程、自诊断报警和（ ），这些可用于机床的数控系统的基本功能。

A. 通信与通信协议 B. 传递信息

C. 网络连接 D. 指挥管理

13. 机械误差补偿功能可以自动补偿机械传动部件因（ ）产生的误差。

A. 刀具 B. 装夹 C. 间隙 D. 加工

14. 图形显示功能在显示器上进行（ ）或三维、单色或彩色的图像显示。

A. 五维 B. 四维 C. 一维 D. 二维

15. 按加工部位划分工序，根据零件的结构特点分为几个加工部分，每一部分作为（ ）工序。

A. 两道 B. 一道 C. 三道 D. 四道

16. 按粗、精加工划分工序，对（ ）或精度要求较高的零件常采用此种划分工序的方法。

A. 易装夹 B. 易变形 C. 不易变形 D. 夹不易装夹

17. 加工路线确定时应能保证被加工工件的（ ）和表面粗糙度。

A. 质量 B. 精度 C. 刚度 D. 韧性

18. 加工路线确定时对于某些重复使用的程序，应使用（ ）。

A. 子程序 B. 主程序 C. 下一道程序 D. 其他程序

19. 工件安装时力求设计基准、工艺基准与（ ）基准统一。

A. 定位 B. 安装 C. 编程 D. 测量

20. 加工（ ）零件，宜采用数控加工设备。

A. 大批量 B. 多品种中小批量

C. 单件　　D. 大量

21. 数控机床进给系统减少摩擦阻力和动静摩擦之差，是为了提高数控机床进给系统的（　　）。

A. 传动精度　　B. 运动精度和刚度
C. 快速响应性能和运动精度　　D. 传动精度和刚度

22. 为了保证数控机床能满足不同的工艺要求，并能够获得最佳切削速度，主传动系统的要求是（　　）。

A. 无级调速　　B. 变速范围宽
C. 分段无级变速　　D. 变速范围宽且能无级变速

23. 圆弧插补指令 G03 X_Y_R_ 中，X、Y 后的值表示圆弧的（　　）。

A. 起点坐标值　　B. 终点坐标值
C. 圆心坐标相对于起点的值　　D. 圆心坐标值

24. （　　）使用专用机床比较合适。

A. 复杂型面加工　　B. 大批量加工
C. 齿轮齿形加工　　D. 小批量加工

25. 数控系统所规定的最小设定单位就是（　　）。

A. 数控机床的运动精度　　B. 机床的加工精度
C. 脉冲当量　　D. 数控机床的传动精度

26. 步进电机的转速是通过改变电机的（　　）而实现。

A. 脉冲频率　　B. 脉冲速度　　C. 通电顺序　　D. 脉冲顺序

27. 目前，第四代计算机采用元件为（　　）。

A. 电子管　　B. 晶体管
C. 大规模集成电路　　D. 小规模集成电路

28. 确定数控机床坐标轴时，一般应先确定（　　）。

A. *X* 轴　　B. *Y* 轴　　C. *Z* 轴　　D. *A* 轴

29. 数控铣床的默认加工平面是（　　）。

A. *XY* 平面　　B. *XZ* 平面　　C. *YZ* 平面　　D. *XYZ* 平面

30. G00 指令与下列的（　　）指令不是同一组的。

A. G01　　B. G02　　C. G04　　D. G03

31. 开环控制系统用于（　　）数控机床上。

A. 经济型　　B. 中档　　C. 精密　　D. 高档

32. G02 X20 Y20 R－10 F100；所加工的一般是（　　）。

A. 整圆　　B. 夹角≤180°的圆弧

C. 180°<夹角<360°的圆弧

33. 下列G指令中（　　）是非模态指令。

A. G00　　B. G01　　C. G04　　D. G02

34. 数控机床自动选择刀具中任意选择的方法是采用（　　）来选刀换刀。

A. 刀具编码　　B. 刀座编码

C. 计算机跟踪记忆　　D. 以上都不是

35. 数控机床的主机（机械部件）包括床身、主轴箱、刀架、尾座和（　　）。

A. 进给机构　　B. 液压系统　　C. 冷却系统　　D. 润滑系统

36. 数控机床的F功能常用（　　）单位。

A. m/min　　B. mm/min或mm/r

C. m/r　　D. mm

37. 数控铣床的基本控制轴数是（　　）。

A. 一轴　　B. 二轴　　C. 三轴　　D. 四轴

38. 数控机床与普通机床的主机最大不同是数控机床的主机采用（　　）。

A. 数控装置　　B. 滚动导轨　　C. 滚珠丝杠　　D. 伺服系统

39. 在数控机床坐标系中平行机床主轴的直线运动为（　　）。

A. X轴　　B. Y轴　　C. Z轴　　D. A轴

40. 用于机床开关指令的辅助功能的指令代码是（　　）。

A. F代码　　B. S代码　　C. M代码　　D. G代码

41. 用于机床刀具编号的指令代码是（　　）。

A. F代码　　B. S代码　　C. M代码　　D. G代码

42. 数控升降台铣床的拖板前后运动坐标轴是（　　）。

A. X轴　　B. Y轴　　C. Z轴　　D. A轴

43. 辅助功能中表示无条件程序暂停的指令是（　　）。

A. M00　　B. M01　　C. M02　　D. M30

44. 液压回路主要由能源部分、控制部分和（　　）部分构成。

A. 换向　　B. 执行机构　　C. 调压　　D. 油箱

45. 液压系统中的压力的大小取决于（　　）。

A. 外力　　B. 调压阀　　C. 液压泵　　D. 换向阀

46. 下列数控系统中（　　）是数控铣床应用的控制系统。

A. FANUC－6T　　B. FANUC－6M　　C. FANUC－330D　　D. FANUC－0T

47. 下列型号中（　　）是工作台宽为500 mm的数控铣床。

A. CK6150　　B. XK715　　C. TH6150　　D. XH715

48. 下列型号中（　　）是一台数控铣。

A. XK754　　B. XH764　　C. XK8140　　D. CK6150

49. 数控机床的诞生是在20世纪（　　）年代。

A. 50　　B. 60　　C. 70　　D. 80

50. "CNC"的含义是（　　）。

A. 数字控制　　B. 计算机数字控制

C. 网络控制　　D. 计算机控制

51. 数控铣床与普通铣床相比，在结构上差别最大的部件是（　　）。

A. 主轴箱　　B. 工作台　　C. 床身　　D. 进给传动

52. 四坐标数控铣床的第四轴是垂直布置的，则该轴命名为（　　）。

A. *B*轴　　B. *C*轴　　C. *W*轴　　D. *A*轴

53. 目前，机床导轨中应用最普遍的导轨形式是（　　）。

A. 静压导轨　　B. 滚动导轨　　C. 滑动导轨　　D. 以上都不是

54. 某直线控制数控机床加工的起始坐标为（0，0），接着分别是（0，5）、（5，5）、（5，0）、（0，0），则加工的零件形状是（　　）。

A. 边长为5的平行四边形　　B. 边长为5的正方形

C. 边长为10的正方形　　D. 边长为10的平行四边形

55. 数控机床上有一个机械原点，该点到机床坐标零点在进给坐标轴方向上的距离可以在机床出厂时设定。该点称为（　　）。

A. 工件零点　　B. 机床零点　　C. 机床参考点　　D. 机械原点

56. 数控机床的种类很多，如果按加工轨迹分则可分为（　　）。

A. 二轴控制、三轴控制和连续控制　　B. 点位控制、直线控制和连续控制

C. 二轴控制、三轴控制和多轴控制　　D. 以上都不是

57. 数控机床主轴以800 r/min转速正转时，其指令应是（　　）。

A. M03 S800　　B. M04 S800　　C. M05 S800　　D. M02 S800

58. 切削热主要是通过切屑和（　　）进行传导的。

A. 工件　　B. 刀具　　C. 周围介质　　D. 冷却液

59. 切削的三要素有进给量、切削深度和（　　）。

A. 切削厚度　　B. 切削速度　　C. 进给速度　　D. 切削深度

60. 工件定位时，被消除的自由度少于六个，且不能满足加工要求的定位称为(　　)。

A. 欠定位　　B. 过定位　　C. 完全定位　　D. 不完全定位

61. 工件定位时，下列哪一种定位是不允许存在的（　　）。

A. 完全定位　　B. 欠定位　　C. 不完全定位　　D. 过定位

62. 切削过程中，工件与刀具的相对运动按其所起的作用可分为（　　）。

A. 主运动和进给运动　　B. 主运动和辅助运动

C. 辅助运动和进给运动　　D. 以上都不是

63. 铰孔的切削速度比钻孔的切削速度（　　）。

A. 大　　B. 小　　C. 相等　　D. 高

64. 同时承受径向力和轴向力的轴承是（　　）。

A. 向心轴承　　B. 推力轴承　　C. 角接触轴承　　D. 辊子轴承

65. 在夹具中，用一个平面对工件进行定位，可限制工件的（　　）自由度。

A. 两个　　B. 三个　　C. 四个　　D. 五个

66. 编程人员对数控机床的性能、规格、刀具系统、（　　）、工件的装夹都应非常熟悉才能编出好的程序。

A. 自动换刀方式　B. 机床的操作　　C. 切削规范　　D. 测量方法

67. 刀尖半径左补偿方向的规定是（　　）。

A. 沿刀具运动方向看，工件位于刀具左侧

B. 沿工件运动方向看，工件位于刀具左侧

C. 沿工件运动方向看，刀具位于工件左侧

D. 沿刀具运动方向看，刀具位于工件左侧

68. 各几何元素间的连接点称为（　　）。

A. 基点　　B. 节点　　C. 交点　　D. 中点

69. 用 $\phi12$ mm 的刀具进行轮廓的粗、精加工，要求精加工余量为 0.4 mm，则粗加工偏移量为（　　）。

A. 12.4　　B. 11.6　　C. 6.4　　D. 12

70. 执行下列程序后，累计暂停进给时间是（　　）。

```
N1 G91 G00 X120.0 Y80.0
N2 G43 Z-32.0 H01
N3 G01 Z-21.0 F120
N4 G04 P1000
N5 G00 Z21.0
N6 X30.0 Y-50.0
```

N7 G01 Z -41.0 F120

N8 G04 X2.0

N9 G49 G00 Z55.0

N10 M02

A. 3 s　　B. 2 s　　C. 1 002 s　　D. 1.002 s

71. 在数控铣床上铣一个正方形零件（外轮廓），如果使用的铣刀直径比原来小 1 mm，则计算加工后的正方形尺寸差（　　）。

A. 小 1 mm　　B. 小 0.5 mm　　C. 大 1 mm　　D. 大 0.5 mm

72. 在数控铣床上用 ϕ20 mm 铣刀执行下列程序后，其加工圆弧的直径尺寸是（　　）。

N1 G90 G17 G41 X18.0 Y24.0 M03 H06

N2 G02 X74.0 Y32.0 R40.0 F180（刀具半径补偿偏置值是 ϕ20.2）

A. ϕ80.2　　B. ϕ80.4　　C. ϕ79.8　　D. ϕ80

73. 孔的加工方法是：孔径较小的套一般采用（　　）方法，孔径较大的套一般采用（　　）方法。

A. 钻、铰　　B. 钻、半精镗、精镗

C. 钻、扩、铰　　D. 钻、精镗

74. 数控机床的检测反馈装置的作用是：将其准确测得的（　　）数据迅速反馈给数控装置，以便与加工程序给定的指令值进行比较和处理。

A. 直线位移　　B. 角位移或直线位移

C. 角位移　　D. 转角

75. 标准麻花钻的锋角为（　　）。

A. 118°　　B. 35°~40°　　C. 50°~55°　　D. 90°

76. 硬质合金材料的硬度较高，耐磨性好，耐热性高，能耐（　　）℃的高温。

A. 500~700　　B. 800~1 000　　C. 1 500~2 000　　D. 900~1 200

77. 请找出下列数控屏幕上菜单词汇的对应英文词汇 SPINDLE（　　）、EMERGENCY STOP（　　）、FEED（　　）、COOLANT（　　）。

A. 主轴　　B. 冷却液　　C. 急停　　D. 进给

78. 在 CRT/MDI 面板的功能键中，显示机床现在位置的键是（　　）。

A. POS　　B. PRGRM　　C. OFSET　　D. ALARM

79. 刀具磨钝标准通常按照（　　）的磨损值制定。

A. 前面　　B. 后面　　C. 前角　　D. 后角

80. 数控机床电气柜的空气交换部件应（　　）清除积尘，以免温升过高产生故障。

A. 每日　　B. 每周　　C. 每季度　　D. 每年

二、判断题（第 81 题 ~ 第 100 题。将判断结果填入括号中，正确的填“√”，错误的填“×”。每题 1 分，满分 20 分。）

81. 按粗、精加工划分工序时，粗加工要留出一定的加工余量，重新装夹后再完成精加工。（　）

82. 加工路线确定时，应是先内后外，即先进行内部型腔的加工工序，后进行外形的加工。（　）

83. 旋转坐标 *A*、*B*、*C* 分别表示其轴线为平行于 *x*、*y*、*z* 坐标轴的旋转坐标。（　）

84. 驱动系统的主要功能是接收来自数控系统的信息，按其要求来驱动 *X*、*Y*、*Z* 轴及主轴电动机，从而带动机床运动部件，完成零件加工。（　）

85. 光栅是一种高精度的位移传感器。闭环伺服系统的数控机床，往往采用光栅作为位移检测装置。（　）

86. 刀具材料为立方氮化硼，适用于加工硬质合金、陶瓷、高硅铝合金等高硬度耐磨材料的切削加工。（　）

87. 有 G41、G42 指令必须指定一补偿号，并可在 G02、G03 状态下进行刀具半径补偿。（　）

88. 加工半径小于刀具半径的内圆弧，当程序给定的圆弧半径小于刀具半径时，向圆弧圆心方向的半径补偿将会导致过切。（　）

89. 通常车间生产过程仅包含以下四个组成部分：基本生产过程、辅助生产过程、生产技术准备过程、生产服务过程。（　）

90. 当数控加工程序编制完成后即可进行正式加工。（　）

91. 圆弧插补中，对于整圆，其起点和终点相重合，用 R 编程无法定义，所以只能用圆心坐标编程。（　）

92. 数控机床在输入程序时，不论何种系统坐标值，不论是整数和小数，都不必加入小数点。（　）

93. 非模态指令只能在本程序段内有效。（　）

94. 顺时针圆弧插补（G02）和逆时针圆弧插补（G03）的判别方向是：沿着不在圆弧平面的坐标轴负方向向正方向看去，顺时针方向为 G02，逆时针方向为 G03。（　）

95. 伺服系统的执行机构常采用直流或交流伺服电动机。（　）

96. 数控机床按工艺用途分类，可分为数控切削机床、数控电加工机床、数控测量机等。（　）

97. 数控机床按控制坐标轴数分类，可分为两坐标数控机床、三坐标数控机床、多坐标

数控机床和五面加工数控机床等。（　　）

98．液压系统的输出功率就是液压缸等执行元件的工作功率。（　　）

99．数控铣床加工时保持工件切削点的线速度不变的功能称为恒线速度控制。（　　）

100．数控机床的机床坐标原点和机床参考点是重合的。（　　）

理论知识考核模拟试卷 2

一、单项选择题（第 1 题 ~ 第 80 题。选择一个正确的答案，将相应的字母填入题内的括号中。每题 1 分，满分 80 分。）

1. 你对职业道德修养的理解是（　　）。

A. 个人性格的修养　　B. 个人文化的修养

C. 思想品德的修养　　D. 专业技能的提高

2. 商业及服务业的文明礼貌的基本内容主要指（　　）。

A. 仪表、作风、语言、表情　　B. 仪表、举止、语言、表情

C. 举止、服装、态度、作风　　D. 仪表、态度、作风、语言

3. 企业要做到文明生产，必须做到（　　）。

A. 开展职业技术教育　　B. 提高产品质量

C. 做好产品售后服务　　D. 提高职业道德素质

4. 数控的实质是通过特定处理方式的数字（　　）自动控制机械装置。

A. 监控　　B. 管理　　C. 指令　　D. 信息

5. 在数控机床工作过程中通过阅读机把信息介质上的代码转变为电信号，并送入（　　）。

A. 伺服机构　　B. 数控装置　　C. 检测装置　　D. 控制指令

6. 数控机床由三大部分组成：机床主体、数控装置和（　　）。

A. 伺服机构　　B. 数字信息　　C. 输入装置　　D. 检测装置

7. 数控装置将所接收的信号进行处理后，再将其处理结果以（　　）的形式向伺服系统发出执行的命令。

A. 数字信息　　B. 数控装置　　C. 脉冲信号　　D. 控制指令

8. 伺服系统接到指令后，通过执行电动机驱动机床进给机构按照（　　）的要求位移，来自动完成加工。

A. 控制　　B. 操作　　C. 信息　　D. 指令

9. 经济型数控铣床的特点是：采用由步进电机驱动的（　　）伺服系统。

A. 闭环　　B. 开环　　C. 半开环　　D. 全开环

10. 驱动装置的作用是将放大后的指令转变成（　　），利用机械传动件驱动工作台移动。

A. 自动控制　　B. 机械运动　　C. 信息　　D. 信号

11. 加工中心与数控铣床的主要区别是（　　）。

A. 数控系统复杂程度不同　　B. 机床精度不同

C. 有无自动换刀系统　　D. 结构不同

12. 下列 G 指令中（　　）是非模态指令。

A. G00　　B. G01　　C. G04　　D. G40

13. 数控系统的主要功能有：多坐标控制、插补、进给、主轴、刀具、刀具补偿、机械误差补偿、操作、程序管理、图形显示、辅助编程、自诊断报警和（　　），这些可用于机床的数控系统的基本功能。

A. 通信与通信协议　　B. 传递信息

C. 网络连接　　D. 指挥管理

14. 多坐标控制功能，控制系统可以控制坐标轴的数目指的是数控系统最多可以控制多少个（　　），其中包括平动轴和回转轴。

A. 自由度　　B. 坐标轴　　C. 加工面　　D. 信息

15. 按安装次数划分工序，每一次装夹作为（　　）工序。

A. 四道　　B. 三道　　C. 一道　　D. 两道

16. 按粗、精加工划分工序，对（　　）或精度要求较高的零件常采用此种划分工序的方法。

A. 易装夹　　B. 易变形　　C. 不易变形　　D. 夹不易装夹

17. 铰孔的切削速度比钻孔的切削速度（　　）。

A. 大　　B. 高　　C. 相等　　D. 小

18. 切削热主要是通过切屑和（　　）进行传导的。

A. 工件　　B. 周围介质　　C. 刀具　　D. 冷却液

19. 加工路线确定时对于某些重复使用的程序，应使用（　　）。

A. 主程序　　B. 子程序　　C. 下一道程序　　D. 其他程序

20. 加工路线确定时上道工序不能影响下道工序的（　　）。

A. 精度　　B. 定位与夹紧　　C. 装夹　　D. 测量

21. 圆弧插补指令 G02 X_Y_R_中，X、Y 后的值表示圆弧的（　　）。

A. 起点坐标值　　B. 终点坐标值

C. 圆心坐标相对于起点的值　　D. 圆心坐标值

22. G00 指令与下列的（　　）指令不是同一组的。

A. G01　　B. G02　　C. G03　　D. G04

23. 确定数控机床坐标轴时，一般应先确定（　　）。

A. *A* 轴　　B. *X* 轴　　C. *Y* 轴　　D. *Z* 轴

24. 用于机床开关指令的辅助功能的指令代码是（　　）。

A. G 代码　　B. M 代码　　C. T 代码　　D. F 代码

25. 为了保证数控机床能满足不同的工艺要求，并能够获得最佳切削速度，主传动系统的要求是（　　）。

A. 无级调速　　B. 变速范围宽

C. 分段无级变速　　D. 变速范围宽且能无级变速

26. 步进电机的转速是通过改变电机的（　　）而实现。

A. 脉冲频率　　B. 脉冲速度　　C. 通电顺序　　D. 脉冲顺序

27. 目前，第四代计算机采用元件为（　　）。

A. 电子管　　B. 晶体管

C. 小规模集成电路　　D. 大规模集成电路

28. 工件定位时，被消除的自由度少于六个，且不能满足加工要求的定位称为(　　)。

A. 完全定位　　B. 不完全定位　　C. 过定位　　D. 欠定位

29. 在夹具中，较长的 V 形架用于工件圆柱表面定位，可以限制工件（　　）自由度。

A. 二个　　B. 三个　　C. 四个　　D. 五个

30. 数控铣床加工钢件时希望加工的切屑是（　　）。

A. 带状切屑　　B. 挤裂切屑　　C. 单元切屑　　D. 崩碎切屑

31. 用于机床刀具编号的指令代码是（　　）。

A. G 代码　　B. S 代码　　C. M 代码　　D. T 代码

32. 加工路线确定时应能保证被加工工件的（　　）和表面粗糙度。

A. 质量　　B. 精度　　C. 刚度　　D. 韧性

33. 工件安装时力求设计基准、工艺基准与（　　）基准统一。

A. 定位　　B. 安装　　C. 编程　　D. 测量

34. 硬质合金材料的硬度较高，耐磨性好，耐热性高，能耐（　　）℃的高温。

A. 500 ~ 700　　B. 800 ~ 1 000　　C. 900 ~ 1 200　　D. 1 500 ~ 2 000

35. 数控系统所规定的最小设定单位就是（　　）。

A. 数控机床的运动精度　　B. 机床的加工精度

C. 脉冲当量　　D. 数控机床的传动精度

36. 加工（　　）零件，宜采用数控加工设备。

A. 大批量　　B. 大量

C. 单件　　D. 多品种中小批量

37. G02 X20 Y20 R－10 F100；所加工的一般是（　　）。

A. 180°＜夹角＜360°的圆弧　　B. 夹角≤180°的圆弧

C. 整圆　　D. 0°＜夹角＜90°的圆弧

38. 下列 G 指令中（　　）是非模态指令。

A. G00　　B. G01　　C. G02　　D. G04

39. 数控机床进给系统减少摩擦阻力和动静摩擦之差，是为了提高数控机床进给系统的（　　）。

A. 传动精度　　B. 运动精度和刚度

C. 快速响应性能和运动精度　　D. 传动精度和刚度

40. 数控机床的核心是（　　）。

A. 伺服系统　　B. 数控系统　　C. 反馈系统　　D. 传动系统

41. 数控铣床开机后的默认加工平面是（　　）。

A. *XY* 平面　　B. *XZ* 平面　　C. *YZ* 平面　　D. 以上都不是

42. 开环控制系统用于（　　）数控机床上。

A. 经济型　　B. 中档　　C. 高档　　D. 精密

43. 通常数控系统除了直线插补外，还有（　　）。

A. 正弦插补　　B. 圆弧插补　　C. 抛物线插补　　D. 椭圆曲线插补

44. 数控升降台铣床的拖板前后运动坐标轴是（　　）。

A. *X* 轴　　B. *Y* 轴　　C. *Z* 轴　　D. *A* 轴

45. 辅助功能中表示程序计划停止的指令是（　　）。

A. M00　　B. M01　　C. M02　　D. M30

46. 辅助功能中与主轴有关的 M 指令是（　　）。

A. M06　　B. M09　　C. M08　　D. M05

47. 步进电机的转速是通过改变电机的（　　）而实现。

A. 脉冲速度　　B. 脉冲频率　　C. 通电顺序　　D. 脉冲顺序

48. 在管道中流动的油液，其流量的计算是（　　）。

A. 压力×作用力　　B. 功率×面积

C. 流速×截面积　　D. 作用力×截面积

49. 液压回路主要由能源部分、控制部分和（　　）部分构成。

A. 换向　　B. 执行机构　　C. 调压　　D. 油箱

50. 数控机床是在（　　）诞生的。

A. 中国　　B. 英国　　C. 美国　　D. 日本

51. “NC”的含义是（　　）。

A. 数字控制　　B. 计算机数字控制

C. 网络控制　　D. 计算机控制

52. 四坐标数控铣床的第四轴是垂直布置的，则该轴命名为（　　）。

A. B 轴　　B. C 轴　　C. W 轴　　D. A 轴

53. 目前，机床导轨中应用最普遍的导轨形式是（　　）。

A. 静压导轨　　B. 滚动导轨　　C. 滑动导轨　　D. 以上都不是

54. 下列数控系统中（　　）是数控铣床应用的控制系统。

A. FANUC－6T　　B. FANUC－6M　　C. FANUC－330D　　D. FANUC－0T

55. 刀尖半径左补偿方向的规定是（　　）。

A. 沿刀具运动方向看，工件位于刀具左侧

B. 沿工件运动方向看，工件位于刀具左侧

C. 沿工件运动方向看，刀具位于工件左侧

D. 沿刀具运动方向看，刀具位于工件左侧

56. 编程人员对数控机床的性能、规格、刀具系统、（　　）、工件的装夹都应非常熟悉才能编出好的程序。

A. 自动换刀方式　　B. 机床的操作　　C. 切削规范　　D. 测量方法

57. 程序中指定了（　　）时，刀具半径补偿被撤销。

A. G40　　B. G41　　C. G42　　D. G43

58. 数控铣床的固定循环功能适用于（　　）。

A. 曲面形状加工　　B. 平面形状加工　　C. 孔系加工　　D. 型腔加工

59. 设 G01 X30 Z6 执行 G91 G01 Z15 后，正方向实际移动量为（　　）。

A. 9 mm　　B. 21 mm　　C. 15 mm　　D. 6 mm

60. 一面两销定位中所用的定位销为（　　）。

A. 圆柱销　　B. 圆锥销　　C. 菱形销　　D. 键

61. 从工作性能上看液压传动的优点有（　　）。

A. 比机械传动准确　　B. 速度、功率、转矩可无级调节

C. 传动效率高　　D. 以上都不是

62. 全闭环伺服系统与半闭环伺服系统的区别取决于运动部件上的（　　）。

A. 执行机构　　B. 反馈信号　　C. 检测元件　　D. 以上都不是

63. 请找出下列数控机床操作名称的对应英文词汇 BOTTON（　　）、SOFT　KEY（　　）、HARD KEY（　　）、SWITCH（　　）。

A. 软键　　B. 硬键　　C. 按钮　　D. 开关

64. 被加工工件强度、硬度、塑性越大时，刀具使用寿命（　　）。

A. 越高　　B. 越低　　C. 越长　　D. 不变

65. 在 CRT/MDI 面板的功能键中，用于程序编制的键是（　　）。

A. POS　　B. PRGRM　　C. ALARM　　D. OFSET

66. 在数控铣床上铣一个正方形零件（外轮廓），如果使用的铣刀直径比原来小 1 mm，则计算加工后的正方形尺寸差（　　）。

A. 小 1 mm　　B. 小 0.5 mm　　C. 大 1 mm　　D. 大 0.5 mm

67. 执行下列程序后，钻孔深度是（　　）。

G90 G01 G43 Z -50 H01 F100（H01 补偿值 -2.00 mm）

A. 48 mm　　B. 52 mm　　C. 50 mm　　D. -52 mm

68. G00 的指令移动速度值是（　　）。

A. 机床参数指定　B. 数控程序指定　C. 操作面板指定　D. 人为指定

69. 在“机床锁定”（FEED HOLD）方式下，进行自动运行，（　　）功能被锁定。

A. 进给　　B. 刀架转位　　C. 主轴　　D. 以上都不是

70. 数控铣床一般采用半闭环控制方式，它的位置检测器是（　　）。

A. 光栅尺　　B. 脉冲编码器　　C. 感应同步器　　D. 以上都不是

71. 在 CRT/MDI 操作面板上页面变换键是（　　）。

A. PAGA　　B. CURSOR　　C. EOB　　D. DELET

72. 在 CRT/MDI 面板的功能键中，用于报警显示的键是（　　）。

A. DGNOS　　B. ALARM　　C. PARAM　　D. PRGRM

73. 孔的加工方法是：孔径较小的套一般采用（　　）方法，孔径较大的套一般采用（　　）方法。

A. 钻、铰　　B. 钻、半精镗、精镗

C. 钻、扩、铰　　D. 钻、精镗

74. 主切削刃在基面上的投影与进给运动方向之间的夹角，称为（　　）。

A. 前角　　B. 后角　　C. 主偏角　　D. 副偏角

75. 数控铣床上进行手动换刀时最主要的注意事项是（　　）。

A. 对准键槽　　B. 擦干净连接锥柄

C. 调整好拉钉　　D. 不要拿错刀具

76. 可以用来制作切削工具的材料是（　　）。

A. 低碳钢　　B. 中碳钢　　C. 高碳钢　　D. 镍铬钢

77. 零件在加工过程中测量的方法称为（　　）测量。

A. 直接　　B. 接触　　C. 主动　　D. 被动

78. 目前，导轨材料中应用得最普遍的是（　　）。

A. 铸铁　　B. 黄铜　　C. 青铜　　D. 钢

79. 数控机床工作时，当发生任何异常现象需要紧急处理时应启动（　　）。

A. 程序停止功能　　B. 暂停功能　　C. 紧停功能　　D. 复位

80. 数控机床如长期不用时最重要的日常维护工作是（　　）。

A. 清洁　　B. 干燥　　C. 通电　　D. 润滑

二、判断题（第 81 题 ~ 第 100 题。将判断结果填入括号中，正确的填“√”，错误的填“×”。每题 1 分，满分 20 分。）

81. 数控机床在手动和自动运行中，一旦发现异常情况，应立即使用紧急停止按钮。（　　）

82. 加工路线确定时，应是先内后外，即先进行内部型腔的加工工序，后进行外形的加工。（　　）

83. 在实施数控加工之前应先使用常规的切削工艺，把加工余量加大。（　　）

84. 光栅是一种高精度的位移传感器。闭环伺服系统的数控机床，往往采用光栅作为位移检测装置。（　　）

85. YT14、YT30 适用于高温合金、高锰钢、不锈钢等难加工材料及铸铁、有色金属及其合金的半、精加工。（　　）

86. 伺服单元和驱动装置合称为伺服驱动系统。（　　）

87. 设计基准包括定位基准、工序基准、测量基准。（　　）

88. 对刀仪由刀柄定位机构、测量机构、数值检出装置、数据处理及通讯装置组成。（　　）

89. 用于工件定位的 V 形架既能用于粗定位、又能用于精定位；能用于完整圆柱面，但不能用于不完整圆柱面。（　　）

90. 不同组的 G 代码在同一程序段中可以指令多个，如果在同一个程序段中指令了两个或两个以上属于同一组的 G 代码时，同组第一个 G 代码有效。（　　）

91. 圆弧插补用半径编程时，当圆弧所对应的圆心角大于 180°时半径取负值。（　　）

92. 数控机床按控制系统的特点可分为开环、闭环和半闭环系统。（　　）

93．Y 坐标的圆心坐标符号一般用 K 表示。（　）

94．数控机床的编程方式是绝对编程或增量编程。（　）

95．数控机床加工时选择刀具的切削角度与普通机床加工时是不同的。（　）

96．点位控制的特点是，可以以任意途径达到要计算的点，因为在定位过程中不进行加工。（　）

97．在数控机床上加工零件，应尽量选用组合夹具和通用夹具装夹工件。避免采用专用夹具。（　）

98．标准麻花钻的横刃斜角为 50°～55°。（　）

99．子程序的编写方式必须是增量方式。（　）

100．车间生产作业的主要管理内容是统计、考核和分析。（　）

理论知识考核模拟试卷 3

一、单项选择题（第 1 题 ~ 第 80 题。选择一个正确的答案，将相应的字母填入题内的括号中。每题 1 分，满分 80 分。）

1. 企业加强职业道德建设，关键是（　　）。

A. 树立企业形象　B. 领导以身作则　C. 抓好职工教育　D. 健全规章制度

2. 企业要做到文明生产，必须做到（　　）。

A. 开展职业技术教育　B. 提高产品质量

C. 做好产品售后服务　D. 提高职业道德素质

3. 孔和轴各有（　　）个基本偏差。

A. 20　B. 28　C. 18　D. 26

4. 用百分表测量平面时，触头应与平面（　　）。

A. 倾斜　B. 垂直　C. 水平　D. 平行

5. 在钻孔中，夹紧力作用的方向，应与钻头轴（　　）。

A. 垂直　B. 平行　C. 倾斜　D. 以上都错

6. 完整的计算机系统由（　　）两大部分组成。

A. 应用软件和系统软件　B. 随机存储器和只读存储器

C. 硬件系统和软件系统　D. 中央处理器和外部设备

7. 一批工件在夹具中的实际位置，在一定的范围内变动，这个变动量就是工件在夹具中加工时的（　　）。

A. 定位误差　B. 加工误差　C. 装夹误差　D. 夹紧误差

8. 材料在高温下能够保持其硬度的性能是（　　）。

A. 硬度　B. 耐磨性　C. 耐热性　D. 工艺性

9. 在切削用量中，影响切削温度的主要因素是（　　）。

A. 切削深度　B. 进给量　C. 切削速度　D. 切削力

10. 伺服单元是数控系统和车床本体的联系环节，它能将来自数控装置的微弱指令（　　），放大成控制驱动装置的大功率信号。

A. 信息　B. 程序　C. 控制　D. 监控

11. 在切削加工过程中，用于冷却的切削液是（　　）。

A. 水溶液　　B. 切削油　　C. 煤油　　D. 乳化液

12. 开环控制系统是指不带（　　）的控制系统。

A. 数控　　B. 伺服　　C. 测量　　D. 反馈

13. 数控机床由三大部分组成：机床主体、数控装置和（　　）。

A. 伺服机构　　B. 数字信息　　C. 输入装置　　D. 检测装置

14. YG3 牌号的硬质合金刀具适合加工（　　）材料。

A. 精加工钢件　　B. 粗加工有色金属

C. 精加工铸件　　D. 以上皆错

15. 夹具中的（　　）装置，用于保证工件在夹具中的既定位置在加工过程中不变。

A. 定位　　B. 夹紧　　C. 辅助　　D. 以上皆错

16. 切削温度是指（　　）表面的平均温度。

A. 切削区域　　B. 工件　　C. 切屑　　D. 刀具

17. 采用半径编程方法填写圆弧插补程序段时，当其圆弧所对应的圆心角（　　）180°时，该半径 R 取负值。

A. 大于　　B. 小于　　C. 小于或等于　　D. 以上皆错

18. 液压系统的控制元件是（　　）。

A. 油箱和油器　　B. 液压　　C. 液压缸　　D. 液压阀

19. ISO 标准规定增量尺寸方式的指令为（　　）。

A. G90　　B. G91　　C. G92　　D. G93

20. 在数控机床工作过程中通过阅读机把信息介质上的代码转变为电信号，并送入（　　）

A. 伺服机构　　B. 数控装置　　C. 检测装置　　D. 控制指令

21. 数控机床有不同的运动形式，需要考虑工件与刀具相对运动关系及坐标系方向，编写程序时，采用（　　）的原则编写程序。

A. 刀具固定不动，工件移动

B. 工件固定不动，刀具移动

C. 分析机床运动关系后再根据实际情况

D. 不能确定时，不能编程

22. 机械误差补偿功能可以自动补偿机械传动部件因（　　）产生的误差。

A. 刀具　　B. 装夹　　C. 间隙　　D. 加工

23. 下列（　　）指令能建立刀具半径补偿。

A. G49　　B. G40　　C. H00　　D. G42

24. 平面的切换必须在（　　）方式中进行。

A. 偏置　　B. 偏置或取消偏置

C. 取消偏置　　D. 两者均不是

25. 加工路线确定时应能保证被加工工件的（　　）和表面粗糙度。

A. 质量　　B. 精度　　C. 刚度　　D. 韧性

26. 通过刀具的当前位置来设定工件坐标系时用（　　）指令实现。

A. G54　　B. G55　　C. G92　　D. G52

27. 数控机床由三大部分组成：机床主体、数控装置和（　　）。

A. 伺服机构　　B. 数字信息　　C. 输入装置　　D. 检测装置

28. 以下选项中，（　　）不能提高数控机床的加工精度。

A. 传动件用滚珠丝杠　　B. 装配时消除传动间隙

C. 机床导轨用滚动导轨　　D. 前面三者均不是

29. 下列代码中（　　）指令为模态 G 代码。

A. G03　　B. G27　　C. G52　　D. G92

30. 工件安装时力求设计基准、工艺基准与（　　）基准统一。

A. 定位　　B. 安装　　C. 编程　　D. 测量

31. 加工路线确定时对于某些重复使用的程序，应使用（　　）。

A. 子程序　　B. 主程序　　C. 下一道程序　　D. 其他程序

32. （　　）是机床夹具中一种标准化、系列化、通用化程度较高的工艺装备。

A. 通用夹具　　B. 组合夹具　　C. 专用夹具　　D. 液动夹具

33. 以下（　　）生产类型适合使用专用夹具。

A. 新产品的试制　　B. 小批量

C. 临时性的突击任务　　D. 成批

34. 在数控系统中都有子程序功能，并且子程序（　　）嵌套。

A. 可以有限层　　B. 可以无限层　　C. 不能　　D. 只能有一层

35. 在 G56 中设置的数值是（　　）。

A. 工件坐标系的原点相对机床参考点的偏移量

B. 刀具的长度偏差值

C. 工件坐标系原点相对对刀点的偏移量

D. 工件坐标系的原点

36. 程序内容是整个程序的核心，它由许多（　　）构成。

A. 程序编号　　B. 程序段　　C. 数据　　D. 地址

37. 在使用固定循环时，采用 G91 方式编程，其中指定的 *Z* 值表示（　　）。

A. 孔底到 *R* 点的距离

B. 孔底到初始平面的距离

C. 孔底到工件表面的距离

D. 孔底位置在工件坐标系中的 *Z* 坐标

38. FANUC 系统中，程序段 G51X0Y0P1000 中，P 指令是（　　）。

A. 子程序号　　B. 缩放比例　　C. 暂停时间　　D. 循环参数

39. 关于创新正确的理解是（　　）。

A. 创新和继承相对应

B. 在继承与借鉴的基础上创新

C. 创新不需要引进外国的技术

D. 创新就是要独立自主、自力更生

40. 圆弧插补指令 G02 X_ Y_ R_ 中，X、Y 后的值表示圆弧的（　　）。

A. 起点坐标值　　B. 终点坐标值

C. 圆心坐标相对于起点的值　　D. 圆心坐标值

41. （　　）使用专用机床比较合适。

A. 复杂型面加工　B. 大批量加工　　C. 齿轮齿形加工　　D. 小批量加工

42. 数控系统所规定的最小设定单位就是（　　）。

A. 数控机床的运动精度　　B. 机床的加工精度

C. 脉冲当量　　D. 数控机床的传动精度

43. 数控机床的主机（机械部件）包括床身、主轴箱、刀架、尾座和（　　）。

A. 进给机构　　B. 液压系统　　C. 冷却系统　　D. 润滑系统

44. 数控机床的 F 功能常用单位是（　　）。

A. m/min　　B. mm/min 或 mm/r

C. m/r　　D. mm

45. 数控铣床的基本控制轴数是（　　）。

A. 一轴　　B. 二轴　　C. 三轴　　D. 四轴

46. 数控机床与普通机床的主机最大不同是数控机床的主机采用（　　）。

A. 数控装置　　B. 滚动导轨　　C. 滚珠丝杠　　D. 伺服系统

47. 在数控机床坐标系中平行机床主轴的直线运动为（　　）。

A. *X* 轴　　B. *Y* 轴　　C. *Z* 轴　　D. *A* 轴

48. 用于机床开关指令的辅助功能的指令代码是（　　）。

A. F 代码　　B. S 代码　　C. M 代码　　D. G 代码

49. 液压系统中压力的大小取决于（　　）。

A. 外力　　B. 调压阀　　C. 液压泵　　D. 换向阀

50. 下列数控系统中（　　）是数控铣床应用的控制系统。

A. FANUC－6T　　B. FANUC－6M　　C. FANUC－330D　　D. FANUC－0T

51. 数控机床的诞生是在 20 世纪（　　）年代。

A. 50　　B. 60　　C. 70　　D. 80

52. 目前，机床导轨中应用最普遍的导轨形式是（　　）。

A. 静压导轨　　B. 滚动导轨　　C. 滑动导轨　　D. 以上都不是

53. “CNC” 的含义是（　　）。

A. 数字控制　　B. 计算机数字控制

C. 网络控制　　D. 计算机控制

54. 数控机床上有一个机械原点，该点到机床坐标零点在进给坐标轴方向上的距离可以在机床出厂时设定。该点称为（　　）。

A. 工件零点　　B. 机床零点　　C. 机床参考点　　D. 机械原点

55. 工件定位时，下列哪一种定位是不允许存在的（　　）。

A. 完全定位　　B. 欠定位　　C. 不完全定位　　D. 过定位

56. 同时承受径向力和轴向力的轴承是（　　）。

A. 向心轴承　　B. 推力轴承　　C. 角接触轴承　　D. 辊子轴承

57. 在夹具中，用一个平面对工件进行定位，可限制工件的（　　）自由度。

A. 两个　　B. 三个　　C. 四个　　D. 五个

58. 孔的加工方法是：孔径较小的套一般采用（　　）方法，孔径较大的套一般采用（　　）方法。

A. 钻、铰　　B. 钻、半精镗、精镗

C. 钻、扩、铰　　D. 钻、精镗

59. 标准麻花钻的锋角为（　　）。

A. 118°　　B. 35°～40°　　C. 50°～55°　　D. 90°

60. 数控机床的检测反馈装置的作用是：将其准确测得的（　　）数据迅速反馈给数控装置，以便与加工程序给定的指令值进行比较和处理。

A. 直线位移　　B. 角位移或直线位移

C. 角位移　　D. 转角

61. 在 CRT/MDI 面板的功能键中，显示机床现在位置的键是（　　）。

A. POS　　B. PRGRM　　C. OFSET　　D. ALARM

62. 刀具磨钝标准通常按照（　　）的磨损值制定。

A. 前面　　B. 后面　　C. 前角　　D. 后角

63. 数控的实质是通过特定处理方式的数字（　　）自动控制机械装置。

A. 监控　　B. 管理　　C. 指令　　D. 信息

64. 伺服系统接到指令后，通过执行电动机驱动机床进给机构按照（　　）的要求位移，来自动完成加工。

A. 控制　　B. 操作　　C. 信息　　D. 指令

65. 切削热主要是通过切屑和（　　）进行传导的。

A. 工件　　B. 周围介质　　C. 刀具　　D. 冷却液

66. 加工路线确定时对于某些重复使用的程序，应使用（　　）。

A. 主程序　　B. 子程序　　C. 下一道程序　　D. 其他程序

67. 确定数控机床坐标轴时，一般应先确定（　　）。

A. A 轴　　B. X 轴　　C. Y 轴　　D. Z 轴

68. 用于机床开关指令的辅助功能的指令代码是（　　）。

A. G 代码　　B. M 代码　　C. T 代码　　D. F 代码

69. 目前，第四代计算机采用元件为（　　）。

A. 电子管　　B. 晶体管

C. 小规模集成电路　　D. 大规模集成电路

70. 数控铣床加工钢件时希望加工的切屑是（　　）。

A. 带状切屑　　B. 挤裂切屑　　C. 单元切屑　　D. 崩碎切屑

71. 加工路线确定时应能保证被加工工件的（　　）和表面粗糙度。

A. 质量　　B. 精度　　C. 刚度　　D. 韧性

72. 数控机床的核心是（　　）。

A. 伺服系统　　B. 数控系统　　C. 反馈系统　　D. 传动系统

73. 数控铣床开机后的默认加工平面是（　　）。

A. XY 平面　　B. XZ 平面　　C. YZ 平面　　D. 以上都不是

74. 通常数控系统除了直线插补外，还有（　　）。

A. 正弦插补　　B. 圆弧插补

C. 抛物线插补　　D. 椭圆曲线插补

75. 数控机床是在（　　）诞生的。

A. 中国 B. 英国 C. 美国 D. 日本

76. 编程人员对数控机床的性能、规格、刀具系统、（ ）、工件的装夹都应非常熟悉才能编出好的程序。

A. 自动换刀方式 B. 机床的操作 C. 切削规范 D. 测量方法

77. 一面两销定位中所用的定位销为（ ）。

A. 圆柱销 B. 圆锥销 C. 菱形销 D. 键

78. 被加工工件强度、硬度、塑性越大时，刀具使用寿命（ ）。

A. 越高 B. 越低 C. 越长 D. 不变

79. 目前，导轨材料中应用得最普遍的是（ ）。

A. 铸铁 B. 黄铜 C. 青铜 D. 钢

80. 数控机床工作时，当发生任何异常现象需要紧急处理时应启动（ ）。

A. 程序停止功能 B. 暂停功能 C. 紧停功能 D. 复位

二、判断题（第 81 题 ~ 第 100 题。将判断结果填入括号中，正确的填“√”，错误的填“×”。每题 1 分，满分 20 分。）

81. G 代码可以分为模态 G 代码和非模态 G 代码。 （ ）

82. 一个主程序调用另一个主程序称为主程序嵌套。 （ ）

83. 数控机床适用于单品种、大批量的生产。 （ ）

84. 平行度的符号是//，垂直度的符号是⊥，圆度的符号是○。 （ ）

85. 表面粗糙度高度参数 *Ra* 值越大，表示表面粗糙度要求越高；*Ra* 值越小，表示表面粗糙度要求越低。 （ ）

86. 数控铣削机床配备的固定循环功能主要用于钻孔、镗孔、攻螺纹等。 （ ）

87. 刀具材料为立方氮化硼，适用于加工硬质合金、陶瓷、高硅铝合金等高硬度耐磨材料的切削加工。 （ ）

88. 进行刀具长度补偿时，刀具要有 *Z* 轴移动。G43、G44 是模态代码，机床初态为 G49。 （ ）

89. G00、G01 指令都能使机床坐标轴准确到位，因此它们都是插补指令。 （ ）

90. 因为试切法的加工精度较高，所以主要用于大批、大量生产。 （ ）

91. 积屑瘤的产生在精加工时要设法避免，但对粗加工有一定的好处。 （ ）

92. 数控机床的镜像功能适用于数控铣床和数控铣。 （ ）

93. 在基轴制中，经常用钻头、铰刀、量规等定制刀具和量具，有利于生产和降低成本。 （ ）

94. 顺时针圆弧插补（G02）和逆时针圆弧插补（G03）的判别方向是：沿着不在圆弧

平面内的坐标轴正方向向负方向看去，顺时针方向为 G02，逆时针方向为 G03。（　）

95. 长的 V 形块可消除四个自由度。短的 V 形块可消除两个自由度。（　）

96. 固定循环是预先给定一系列操作，用来控制机床的位移或主轴运转。（　）

97. 数控机床对刀具材料的基本要求是高的硬度、高的耐磨性、高的红硬性和足够的强度和韧性。（　）

98. 炎热的夏季车间温度高达 35°C 以上，因此要将数控柜的门打开，以增加通风散热。（　）

99. 为了防止工件变形，夹紧部位要与支承对应，不能在工件悬空处夹紧。（　）

100. 安全管理是综合考虑“物”的生产管理功能和“人”的管理，目的是生产更好的产品。（　）

理论知识考核模拟试卷 4

一、单项选择题（第 1 题～第 80 题。选择一个正确的答案，将相应的字母填入题内的括号中。每题 1 分，满分 80 分。）

1. 磨削加工时，增大砂轮粒度号，可使加工表面粗糙度数值（　　）。

A. 变大　　B. 变小　　C. 不变　　D. 不一定

2. 刀具长度补偿由准备功能 G43、G44、G49 及（　　）代码指定。

A. K　　B. J　　C. I　　D. H

3. 数控机床按伺服系统可分为（　　）。

A. 开环、闭环、半闭环　　B. 点位、点位直线、轮廓控制

C. 普通数控机床、数控铣　　D. 二轴、三轴、多轴

4. 在补偿寄存器中输入的 D 值的含义为（　　）。

A. 只表示为刀具半径

B. 粗加工时的刀具半径

C. 粗加工时的刀具半径与精加工余量之和

D. 精加工时的刀具半径与精加工余量之和

5. 用高速钢铰刀铰削铸铁件时，由于铸铁内部组织不均引起振动，容易出现（　　）现象。

A. 孔径收缩　　B. 孔径不变　　C. 孔径扩张　　D. 锥孔

6. 能消除前道工序位置误差，并能获得很高尺寸精度的加工方法是（　　）。

A. 扩孔　　B. 镗孔　　C. 铰孔　　D. 冲孔

7. 暂停指令 G04 用于中断进给，中断时间的长短可以通过地址 X（U）或（　　）来指定。

A. T　　B. P　　C. 0　　D. Y

8. 根据 ISO 标准，当刀具中心轨迹在程序轨迹前进方向左边时称为左刀具补偿，用（　　）指令表示。

A. G43　　B. G42　　C. G41　　D. G40

9. 数控机床同一润滑部位的润滑油应该（　　）。

A. 用同一牌号　　　　B. 可混用

C. 使用不同型号　　　　D. 只要润滑效果好就行

10. 加工锥孔时，（　　）方法效率高。

A. 仿形加工　B. 成型刀加工　C. 线切割　D. 电火花

11. 千分尺微分筒转动一周，测微螺杆移动（　　）mm。

A. 0.1　B. 0.5　C. 1　D. 0.001

12. 相同条件下，使用立铣刀切削加工，表面粗糙度最好的刀具齿数应为（　　）。

A. 2　B. 0　C. 4　D. 6

13. 通常使用的标准立铣刀，不包括直径数为（　　）的规格。

A. 05　B. 06　C. 07　D. 08

14. 过定位是指定位时工件的同一（　　）被两个定位元件重复限制的定位状态。

A. 平面　B. 自由度　C. 圆柱面　D. 方向

15. 游标卡尺上端的两个外量爪是用来测量（　　）。

A. 内孔或槽宽　　　　B. 长度或台阶

C. 外径或长度　　　　D. 深度或宽度

16. 绝对坐标编程时，移动指令终点的坐标值 X、Z 都是以（　　）为基准来计算。

A. 工件坐标系原点　　　　B. 机床坐标系原点

C. 机床参考点　　　　D. 此程序段起点的坐标值

17. 用圆弧段逼近非圆曲线时，（　　）是常用的节点计算方法。

A. 等间距法　B. 等程序段法　C. 等误差法　D. 曲率圆法

18. position 可翻译为（　　）。

A. 位置　B. 坐标　C. 程序　D. 原点

19. 通常用立铣刀进行曲面的粗加工有很多优点，以下描述正确的是（　　）。

A. 残余余量均匀　　　　B. 加工效率高

C. 无须考虑 F 刀点　　　　D. 不存在过切、欠切现象

20. 终点判别是判断刀具是否到达（　　），未到则继续进行插补。

A. 起点　B. 中点　C. 终点　D. 目的

21. 一般情况下，制作金属切削刀具时，硬质合金刀具的前角（　　）高速钢刀具的前角。

A. 大于　　　　B. 等于

C. 小于　　　　D. 大于、等于、小于都有可能

22. 存储系统中的 PROM 是指（　　）。

A. 可编程读写存储器　　B. 可编程只存储器
C. 静态只读存储器　　D. 动态随机存储器

23. 进入刀具半径补偿模式后，（　　）可以进行刀具补偿平面的切换。
A. 取消刀具半径补偿后　　B. 关机重启后
C. 在 MDI 模式下　　D. 不用取消刀具半径补偿

24. FANUC－0i 系统中以 M99 结尾的程序是（　　）。
A. 主程序　　B. 子程序　　C. 增量程序　　D. 宏程序

25. （　　）是切削过程产生自激振动的原因。
A. 切削时刀具与工件之间的摩擦　　B. 不连续的切削
C. 加工余量不均匀　　D. 回转体不平衡

26. 比较不同尺寸的精度，取决于（　　）。
A. 偏差值的大小　　B. 公差值的大小
C. 公差等级的大小　　D. 公差单位数的大小

27. 在 G17 平面内逆时针铣削整圆的程序段为（　　）。
A. G03 R_　　B. G03 I_
C. G03 X_ Y_ Z_ R_　　D. G03 X_ Y_ Z_ K

28. 钻镗循环的深孔加工时需采用间歇进给的方法，每次提刀退回安全平面的应是（　　）。
A. G73　　B. G83　　C. G74　　D. G84

29. 下列保养项目中（　　）不是半年检查的项目。
A. 机床电流电压　　B. 液压油　　C. 油箱　　D. 润滑油

30. 用一套 46 块的量块，组合 95.552 mm 的尺寸，其量块的选择为 1.002、（　　）、1.5、2、90 共五块。
A. 1.005　　B. 20.5　　C. 2.005　　D. 1.05

31. 下述几种垫铁中，常用于振动较大或质量为 10～15 t 的中小型机床的安装的是（　　）。
A. 斜垫铁　　B. 开口垫铁　　C. 钩头垫铁　　D. 等高铁

32. 一般机械工程图采用（　　）原理画出。
A. 正投影　　B. 中心投影　　C. 平行投影　　D. 点投影

33. 夹紧时，应保证工件的（　　）正确。
A. 定位　　B. 形状　　C. 几何精度　　D. 位置

34. 创新的本质是（　　）。

A. 突破　B. 标新立异　C. 冒险　D. 稳定

35. 粗加工平面轮廓时，（　）的方法通常不选用。

A. *Z* 向分层粗加工　B. 使用刀具半径补偿

C. 插铣　D. 面铣刀去余量

36. （　）的断口呈灰白相间的麻点状，性能不好，极少应用。

A. 白口铸铁　B. 灰口铸铁　C. 球墨铸铁　D. 麻口铸铁

37. 液压传动是利用（　）作为工作介质来进行能量传送的一种工作方式。

A. 油类　B. 水　C. 液体　D. 空气

38. 以机床原点为坐标原点，建立一个 z 轴与 x 轴的直角坐标系，此坐标系称为（　）坐标系。

A. 工件　B. 编程　C. 机床　D. 空间

39. 选择刀具起始点时应考虑（　）。

A. 防止工件或夹具干涉碰撞　B. 方便刀具安装测量

C. 每把刀具刀尖在起始点重台　D. 必须选在工件外侧

40. 加工铸铁等脆性材料时，应选用（　）类硬质合金。

A. 钨钴钛　B. 钨钴　C. 钨钛　D. 钨钒

41. 系统面板上的 ALTER 键用于（　）程序中的字。

A. 删除　B. 替换　C. 插入　D. 清除

42. 刀具半径补偿的取消只能通过（　）来实现。

A. G01 和 G00　B. G01 和 G02　C. G01 和 G03　D. G00 和 G02

43. 计算机辅助设计的英文缩写是（　）。

A. CAD　B. CAM　C. CAE　D. CAT

44. 常用规格的千分尺的测微螺杆的移动量是（　）。

A. 85 mm　B. 35 mm　C. 25 mm　D. 15 mm

45. 如果刀具长度补偿值是 5 mm，执行程序段 G19 G43 H0 G90 G01 X100 Y30 Z50 后，刀位点在工件坐标系的位置是（　）。

A. X105 Y35 Z55　B. X100 Y35 Z50

C. X105 Y30 Z50　D. X100 Y30 Z55

46. 机械零件的真实大小是以图样上的（　）为依据。

A. 比例　B. 公差范围　C. 标注尺寸　D. 图样尺寸大小

47. 立铣刀主要用于加工沟槽、台阶和（　）等。

A. 内孔　B. 平面　C. 螺纹　D. 曲面

48．使主运动能够继续切除工件多余的金属以形成工作表面所需的运动，称为(　　)。

A．进给运动　　B．主运动　　C．辅助运动　　D．切削运动

49．使主轴定向停止的指令是（　　）。

A．M99　　B．M05　　C．M19　　D．M06

50．在平口钳上加工两个相互垂直的平面中的第二个平面，装夹时已完成平面靠住固定钳口，活动钳口一侧应该（　　）。

A．用钳口直接夹紧，增加夹紧力

B．用两平面平行度好的垫铁放在活动钳口和工件之间

C．在工件和活动钳口之间水平放一根细圆柱

D．其他三种方法中任何一种都可以

51．道德是通过（　　）对一个人的品行发生极大的作用。

A．社会舆论　　B．国家强制执行　　C．个人的影响　　D．国家政策

52．碳素工具钢工艺性能的特点有（　　）。

A．不可冷、热加工成形，加工性能好

B．刃口一般磨得不是很锋利

C．易淬裂

D．耐热性很好

53．数控机床在开机后，须进行回零操作，使 X、Y、Z 各坐标轴运动回到（　　）。

A．机床零点　　B．编程原点　　C．工件零点　　D．坐标原点

54．圆柱铣刀精铣平面时，铣刀直径选用较大值，目的是（　　）。

A．减小铣削时的铣削力矩

B．增大铣刀的切入和切出长度

C．减小加工表面粗糙度值

D．可以采用较大切削速度和进给量

55．切削铸铁、黄铜等脆性材料时，往往形成不规则的细小颗粒切屑，称为（　　）。

A．粒状切屑　　B．节状切屑　　C．带状切屑　　D．崩碎切屑

56．数控机床的“回零”操作是指回到（　　）。

A．对刀点　　B．换刀点　　C．机床的参考点　　D．编程原点

57．外径千分尺在使用时操作正确的是（　　）。

A．猛力转动测力装置

B．旋转微分筒使测量表面与工件接触

C．退尺时要旋转测力装置

D. 不允许测量带有毛刺的边缘表面

58. 装夹工件时应考虑（ ）。

A. 专用夹具　　B. 组合夹具

C. 夹紧力靠近支承点　　D. 夹紧力不变

59. 执行 G01Z0；G90 G01 G43 Z－50 H01；(H01＝－2.00) 程序后钻孔深度是（ ）。

A. 48 mm　　B. 52 mm　　C. 50 mm　　D. 51 mm

60. 沿加工轮廓的延长线退刀时需要采用（ ）方法。

A. 法向　　B. 切向

C. 轴向　　D. 法向、切向、轴向都可以

61. 数控机床的基本结构不包括（ ）。

A. 数控装置　　B. 程序介质　　C. 伺服控制单元　　D. 机床本体

62. 在铣削铸铁等脆性材料时，一般（ ）。

A. 加以冷却为主的切削液　　B. 加以润滑为主的切削液

C. 不加切削液　　D. 加煤油

63. 已知直径为 10 mm 立铣刀铣削钢件时，推荐切削速度（v_c）15.7 m/min，主轴转速（N）为（ ）。

A. 200 r/min　　B. 300 r/min　　C. 400 r/min　　D. 500 r/min

64. 精确作图法是在计算机上应用绘图软件精确绘出工件轮廓，然后利用软件的测量功能进行精确测量，即可得出各点的（ ）值。

A. 相对　　B. 参数　　C. 绝对　　D. 坐标

65. 机床坐标系各轴的规定是以（ ）来确定的。

A. 极坐标　　B. 绝对坐标系

C. 相对坐标系　　D. 笛卡尔坐标

66. 数控系统的报警大体可以分为操作报警、程序错误报警、驱动报警及系统错误报警，显示“没有 Y 轴反馈”这属于（ ）。

A. 操作错误报警　　B. 程序错误报警

C. 驱动错误报警　　D. 系统错误报警

67. F 列孔与基准轴配合，组成间隙配合的孔是（ ）。

A. 孔的上、下偏差均为正值

B. 孔的上偏差为正值、下偏差为负值

C. 孔的上偏差为零、下偏差为负值

D. 孔的上、下偏差均为负值

68．加工一般金属材料片用的高速钢，常用牌号有 W18Cr4V 和（　　）两种。

A．CrWMn　　B．9SiCr　　C．1Cr18Ni9　　D．W6M05Cr4V2

69．通过观察故障发生时的各种光、声、味等异常现象，将故障诊断的范围缩小的方法称为（　　）。

A．直观法　　B．交换法　　C．测量比较法　　D．隔离法

70．中碳结构钢制作的零件通常在（　　）进行高温回火，以获得适宜的强度与韧性的良好配合。

A．200～300℃　　B．300～400℃　　C．500～600℃　　D．150～250℃

71．加工较大平面的工件时，一般采用（　　）。

A．立铣刀　　B．端铣刀　　C．圆柱铣刀　　D．镗刀

72．程序段序号通常用（　　）位数字表示。

A．8　　B．10　　C．4　　D．11

73．左视图反映物体的（　　）的相对位置关系。

A．上下和左右　　B．前后和左右

C．前后和上下　　D．左右和上下

74．在零件毛坯加工余量不匀的情况下进行加工，会引起（　　）大小的变化，因而产生误差。

A．切削力　　B．开力　　C．夹紧力　　D．重力

75．用同一把刀进行粗、精加工时，还可进行加工余量的补偿，设刀具半径为 r，精加工时半径方向余量为△，则最后一次粗加工走刀的半径补偿量为（　　）。

A．r　　B．$r+\triangle$　　C．△　　D．$2r-\triangle$

76．数控装置中的电池的作用是（　　）。

A．给系统的 CPU 运算提供能量

B．在系统断电时，用它储存的能量来保持 RAM 中的数据

C．为检测元件提供能量

D．在突然断电时，为数控机床提供能量，使机床能暂时运行几分钟，以便退出刀具

77．在数控铣床中，如果当前刀具刀位点在机床坐标系中的坐标为（－50，－100，－80），若用 MDI 功能执行指令 G92X100.0 Y100.0 Z100.0 后，工件坐标系原点在机床坐标系中的坐标将是（　　）。

A．（50，0，20）　　B．（－50，－200，－180）

C．（50，100，100）　　D．（250，200，180）

78．主切削刃在基面上的投影与进给运动方向之间的夹角称为（　　）。

A. 前角　　B. 后角　　C. 主偏角　　D. 副偏角

79. 铣削工序的划分主要有刀具集中法、(　　) 和按加工部位划分。

A. 先面后孔　　B. 先铣后磨　　C. 粗、精分开　　D. 先难后易

80. 纯铝中加入适量的（　　）等合金元素，可以形成铝合金。

A. 碳　　B. 硅　　C. 硫　　D. 磷

二、判断题（第1题～第20题。将判断结果填入括号中，正确的填“√”，错误的填“×”。每题1分，满分20分。）

81. 铣削内轮廓时，必须在轮廓内建立刀具半径补偿。（　　）

82. 在铣削过程中，所选用的切削用量，称为铣削用量，铣削用量包括吃刀量、铣削速度和进给量。（　　）

83. 职业用语要求：语言自然、语气亲切、语调柔和、语速适中、语言简练、语意明确。（　　）

84. 企业的质量方针是每个技术人员（一般工人除外）必须认真贯彻的质量准则。（　　）

85. 团队精神能激发职工更大的能量，发掘更大的潜能。（　　）

86. 非模态代码只在指令它的程序段中有效。（　　）

87. 铣削加工中，主轴转速应根据允许的切削速度和刀具的直径来计算。（　　）

88. 省略一切标注的剖视图，说明它的剖切平面不通过机件的对称平面。（　　）

89. 一把新刀（或重新刃磨过的刀具）从开始使用直至达到磨钝标准所经历的实际切削时间，称为刀具寿命。（　　）

90. 画图比例1:5，是图形比实物放大五倍。（　　）

91. 升降台铣床有万能式、卧式和立式几种，主要用于加工中小型零件，应用最广。（　　）

92. 加工平滑曲面时，牛鼻子刀（环形刀）可以获得比球头刀更好的表面粗糙度。（　　）

93. 键槽中心线的直线度是加工时所要保证的主要位置公差。（　　）

94. 电动机按结构及工作原理可分为异步电动机和同步电动机。（　　）

95. 铣削平缓曲面时，由于球头铣刀底刃处切削速度几乎为零，所以不易获得好的表面粗糙度。（　　）

96. 职业道德修养要从培养自己良好的行为习惯着手。（　　）

97. 数控车床的F功能的单位有每分钟进给量和每转进给量。（　　）

98. 用分布于铣刀端平面上的刀齿进行的铣削称为周铣，用分布于铣刀圆柱面上的刀齿

进行的铣削称为端铣。　　（　　）

99．X6132 型卧式万能铣床的纵向、横向两个方向的进给运动是互锁的，不能同时进给。　　（　　）

100．用设计基准作为定位基准，可以避免基准不重合引起的误差。　　（　　）

理论知识考核模拟试卷 5

一、单项选择题（第 1 题 ~ 第 80 题。选择一个正确的答案，将相应的字母填入题内的括号中。每题 1 分，满分 80 分。）

1. 三个支承点对工件是平面定位，能限制（　　）个自由度。

A. 2　　B. 3　　C. 4　　D. 5

2. 程序是由多行指令组成，每一行称为一个（　　）。

A. 程序字　　B. 地址字　　C. 子程序　　D. 程序段

3. 由于数控机床可以自动加工零件，操作工（　　）按操作规程进行操作。

A. 可以　　B. 必须

C. 不必　　D. 根据情况随意

4. 职业道德的实质内容是（　　）。

A. 树立新的世界观　　B. 树立新的就业观念

C. 增强竞争意识　　D. 树立全新的社会主义劳动态度

5. 用来测量工件内外角度的量具是（　　）。

A. 万能角度尺　　B. 内径千分尺　　C. 游标卡尺　　D. 量块

6. 只将机件的某一部分向基本投影面投影所得的视图称为（　　）。

A. 基本视图　　B. 局部视图　　C. 斜视图　　D. 旋转视图

7. 进行数控程序空运行的无法实现（　　）。

A. 检查程序是否存在句法错误　　B. 检查程序的走刀路径是否正确

C. 检查轮廓尺寸精度　　D. 检查换刀是否正确

8. 35F8 与 20H9 两个公差等级中，（　　）的精确程度高。

A. 35F8　　B. 20H9　　C. 相同　　D. 无法确定

9. 框式水平仪主要用于检验各种机床及其他类型设备导轨的直线度和设备安装的水平位置、垂直位置。在数控机床水平时通常需要（　　）块水平仪。

A. 2　　B. 3　　C. 4　　D. 5

10. 程序在刀具半径补偿模式下使用（　　）以上的非移动指令，会出现过切现象。

A. 一段　　B. 二段　　C. 三段　　D. 四段

11. 以下精度公差中，不属于形状公差的是（　　）。

A. 同轴度　　B. 圆柱度　　C. 平面度　　D. 圆度

12. 标准麻花钻的项角是（　　）。

A. 100°　　B. 118°　　C. 140°　　D. 130°

13. 粗加工应选用（　　）。

A. (3～5)%乳化液　　B. (10～15)%乳化液

C. 切削液　　D. 煤油

14. 最小实体尺寸是（　　）。

A. 测量得到的　　B. 设计给定的　　C. 加工形成的　　D. 计算所出的

15. 快速定位 G00 指令在定位过程中，刀具所经过的路径是（　　）。

A. 直线　　B. 曲线　　C. 圆弧　　D. 连续多线段

16. 面铣刀每转进给量 $f = 64$ mm/r，主轴转速 $n = 75$ r/min，铣刀齿数 $z = 8$，则 f_z 为（　　）。

A. 48 mm　　B. 5.12 mm　　C. 0.08 mm　　D. 8 mm

17. 在偏置值设置 G55 栏中的数值是（　　）。

A. 工件坐标系的原点相对机床坐标系原点的偏移值

B. 刀具的长度偏差值

C. 工件坐标系的原点

D. 工件坐标系相对对刀点的偏移值

18. 在极坐标编程、半径补偿和（　　）的程序段中，须用 G17、G18、G19 指令来选择平面。

A. 回参考点　　B. 圆弧插补　　C. 固定循环　　D. 子程序

19. 坐标系内某一位置的坐标尺寸上以相对于（　　）一位置坐标尺寸的增量进行标注或计量的，这种坐标值称为增量坐标。

A. 第　　B. 后　　C. 前　　D. 左

20. 以下说法错误的是（　　）。

A. 公差带为圆柱时，公差值前加 S

B. 公差带为球形时，公差值前加 S

C. 国标规定，在技术图样上，形位公差的标注采用字母标注

D. 基准代号由基准符号、圆圈、连线和字母组成

21. 手工建立新的程序时，必须最先输入的是（　　）。

A. 程序段号　　B. 刀具号　　C. 程序名　　D. G 代码

22. 钢淬火的目的就是为了使它的组织全部或大部转变为（　　），获得高硬度，然后在适当温度下回火，使工件具有预期的性能。

A. 贝氏体　　B. 马氏体　　C. 渗碳体　　D. 奥氏体

23. 在其他加工条件相同的情况下，下列哪种加工方案获得的表面粗糙度好（　　）。

A. 顺铣　　B. 逆铣　　C. 混合铣　　D. 无所谓

24. 在线加工（DNC）的意义为（　　）。

A. 零件边加工边装夹

B. 加工过程与面板显示程序同步

C. 加工过程为外接计算机在线输送程序到机床

D. 加工过程与互联网同步

25. 选择定位基准时，应尽量与工件的（　　）一致。

A. 工艺基准　　B. 度量基准　　C. 起始基准　　D. 设计基准

26. 一般情况下，直径（　　）的孔应由普通机床先粗加工，给数控铣预留余量为 4 ~ 6 mm（直径方向），再由数控铣加工。

A. 小于 8 mm　　B. 大于 30 mm　　C. 为 7 mm　　D. 小于 10 mm

27. 逐步比较插补法的工作顺序为（　　）。

A. 偏差判别、进给控制、新偏差计算、终点判别

B. 进给控制、偏差判别、新偏差计算、终点判别

C. 终点判别、新偏差计算、偏差判别、进给控制

D. 终点判别、偏差判别、进给控制、新偏差计算

28. 下列配合代号中，属于同名配合的是（　　）。

A. H7/f6 与 F7/h6　　B. F7/h6 与 H7/f7

C. F7/n6 与 H7/f6　　D. N7/h5 与 H7/h5

29. 零件几何要素按存在的状态分有实际要素和（　　）。

A. 轮廓要素　　B. 被测要素　　C. 理想要素　　D. 基准要素

30. 市场经济条件下，不符合爱岗敬业要求的是（　　）的观念。

A. 树立职业理想　　B. 强化职业责任

C. 干一行爱一行　　D. 以个人收入高低决定工作质量

31. 铰削一般钢材时，切削液通常选用（　　）。

A. 水溶液　　B. 煤油　　C. 乳化液　　D. 极压乳化液

32. 碳素工具钢的牌号由“T + 数字”组成，其中 T 表示（　　）。

A. 碳　　B. 钛　　C. 锰　　D. 硫

33. 周心轴对有较长长度的孔进行定位时，可以限制工件的（　　）自由度。

A. 两个移动、两个转动　　B. 三个移动、一个转动

C. 两个移动、一个转动　　D. 一个移动、二个转动

34. 下列关于欠定位叙述正确的是（　　）。

A. 没有限制全部六个自由度　　B. 限制的自由度大于六个

C. 应该限制的自由度没有被限制　　D. 不该限制的自由度被限制了

35. 碳的质量分数小于（　　）的铁碳台金称为碳素钢。

A. 1.4%　　B. 2.11%　　C. 0.6%　　D. 0.25%

36. 用轨迹法切削槽类零件时，槽两侧表面，（　　）。

A. 一面顺铣、一面为逆铣　　B. 两面均为顺铣

C. 两面均为逆铣　　D. 不需要做任何加工

37. 用 G52 指令建立的局部坐标系是（　　）的子坐标系。

A. 机械坐标系　　B. 当前工作的工作坐标系

C. 机床坐标系　　D. 所有的工件坐标系

38. G20 代码是（　　）制输入功能，它是 FANUC 数控车床系统的选择功能。

A. 英　　B. 公　　C. 米　　D. 国际

39. 工件坐标系的零点一般设在（　　）。

A. 机床零点　　B. 换刀点　　C. 工件的端面　　D. 卡盘根

40. 提高机械加工表面质量的工艺途径不包括（　　）。

A. 超精密切削加工　　B. 采用珩磨、研磨

C. 喷丸、滚压强化　　D. 精密铸造

41. FANUC 系统中，M98 指令是（　　）指令。

A. 主轴低速范围　B. 调用子程序　　C. 主轴高速范围　D. 子程序结束

42. 要做到遵纪守法，对每个职工来说，必须做到（　　）。

A. 有法可依　　B. 反对“管”“卡”“压”

C. 反对自由主义　　D. 努力学法，知法、守法、用法

43. 錾削时，当发现手锤的木柄上沾有油应采取（　　）。

A. 不用管　　B. 及时擦去

C. 在木柄上包上布　　D. 戴上手套

44. 可转位面铣刀的切削刃上刀尖点先接触加工面的状态时前角为（　　）。

A. 正　　B. 零

C. 负　　D. 正、零、负都不是

45. 不符合岗位质量要求的内容是（　　）。

A. 对各个岗位质量工作的具体要求

B. 体现在各岗位的作业指导书中

C. 企业的质量方向

D. 体现在工艺规程中

46. 选择粗基准时，重点考虑如何保证各加工表面（　　）。

A. 对刀方便　　B. 切削性能好　　C. 进/退刀方便　　D. 有足够的余量

47. 优质碳素结构钢的牌号由（　　）数字组成。

A. 一位　　B. 两位　　C. 三位　　D. 四位

48. （　　）对提高铣削平面的表面质量无效。

A. 提高主轴转速　　B. 减小切削深度

C. 使用刀具半径补偿　　D. 降低进给速度

49. 钻头直径为 10 mm，切削速度是 30 m/min，主轴转速应该是（　　）。

A. 240 r/min　　B. 1 920 r/min　　C. 480 r/min　　D. 960 r/min

50. 自激振动约占切削加工中的振动的（　　）%。

A. 65　　B. 20　　C. 30　　D. 50

51. 确定尺寸精确程度的标准公差等级共有（　　）级。

A. 12　　B. 16　　C. 18　　D. 20

52. 加工型腔零件常采用螺旋线下刀，下刀时螺旋半径通常取（　　）倍于刀具直径。

A. 0 ~ 0.5　　B. 0.5 ~ 1　　C. 1 ~ 1.5　　D. 1.5 ~ 2

53. 企业文化的整合功能指的是它在（　　）方面的作用。

A. 批评与处罚　　B. 凝聚人心　　C. 增强竞争意识　　D. 自律

54. 数控铣床一般不适合于加工（　　）零件。

A. 板类　　B. 盘类　　C. 壳类　　D. 轴类

55. 刃磨高速钢车刀应用（　　）砂轮。

A. 刚玉系　　B. 碳化硅系　　C. 人造金刚石　　D. 立方氮化硼

56. 立铣刀切入轮廓工件表面时，可以是（　　）切入。

A. 垂直　　B. 沿延长线或切向

C. Z 向下刀　　D. 任意点

57. 要获得好的表面粗糙度，使用立铣刀精加工内孔时，常采用（　　）方式。

A. 顺铣　　B. 直线　　C. 螺旋线　　D. 逆铣

58. 环境保护法的基本任务不包括（　　）。

A．保护和改善环境　　B．合理利用自然资源
C．维护生态平衡　　D．加快城市开发进度

59．国家标准的代号为（　　）。
A．JB　　B．QB　　C．TB　　D．GB

60．子程序返同主程序的指令为（　　）。
A．P98　　B．M99　　C．M08　　D．M09

61．用于承受冲击、振动的零件如电动机机壳、齿轮箱等用（　　）牌号的球墨铸铁。
A．QT400－18　　B．QT600－3　　C．QT700－2　　D．QT800－2

62．加工对称度有要求的轴类键槽时，对刀找正时应尽量以（　　）为基准。
A．端面　　B．轴线
C．外圆侧面　　D．端面、轴线、外圆侧面都可以

63．自动返回机床固定点指令G28X_Y_Z_中X、Y、Z表示（　　）。
A．起点坐标　　B．终点坐标　　C．中间点坐标　　D．机床原点坐标

64．工件承受切削力后产生一个与之方向相反的合力，它可以分成为（　　）。
A．轴向分力　　B．法向分力
C．切向分力　　D．水平分力和垂直分力

65．影响刀具扩散磨损的最主要原因是（　　）。
A．工件材料　　B．切削速度　　C．切削温度　　D．刀具角度

66．最大实体尺寸是指（　　）。
A．孔和轴的最大极限尺寸
B．孔和轴的最小极限尺寸
C．孔的最大极限尺寸和轴的最小极限尺寸
D．孔的最小极限尺寸和轴的最大极限尺寸

67．若键槽铣刀与主轴的同轴度为0.01，则键槽宽度尺寸可能比铣刀直径大（　　）mm。
A．0.005　　B．0.01　　C．0.02　　D．0.04

68．用百分表测量平面时，触头应与平面（　　）。
A．倾斜　　B．垂直　　C．水平　　D．平行

69．公差是一个（　　）。
A．正值　　B．负值
C．零值　　D．不为零的绝对值

70．主程序结束，程序返同至开始状态，其指令为（　　）。
A．M00　　B．M02　　C．M05　　D．M30

71. 圆弧插补的过程中数控系统把轨迹拆分成若干微小的（　　）。

A. 直线段　　B. 圆弧段　　C. 斜线段　　D. 非圆曲线段

72. 根据切屑的粗细及材质情况，及时清除（　　）中的切屑，以防止冷却液回路。

A. 开关和喷嘴　　B. 冷凝器及热交换器

C. 注油口和吸入阀　　D. 一级（或二级）过滤网及过滤罩

73. 数控机床较长期闲置时最重要的是对机床定时（　　）。

A. 清洁除尘　　B. 加注润滑油

C. 给系统通电防潮　　D. 更换电池

74. 已知直径为 10 mm 球头铣刀，推荐切削速度（v_c）157 m/min，切削深度 3 mm（a_p），主轴转速（n）应为（　　）r/min。

A. 4 000　　B. 5 000　　C. 6 250　　D. 7 500

75. 使程序在运行过程中暂停的指令是（　　）。

A. M00　　B. G18　　C. G19　　D. G20

76. 主轴毛坯锻造后需进行（　　）热处理，以改善切削性能。

A. 正火　　B. 调质　　C. 淬火　　D. 退火

77. 在齿轮的画法中，齿顶圆用（　　）表示。

A. 粗实线　　B. 细实线　　C. 点划线　　D. 虚线

78. 硬质合金的特点是耐热性（　　），切削效率高，但刀片强度、韧性不及工具钢，焊接刃磨工艺较差。

A. 好　　B. 差　　C. 一般　　D. 不确定

79. 用指令 G92 X150 Y100 Z50 确定工件原点，执行这条指令后，刀具（　　）。

A. 移到工件原点　　B. 移到刀架相关点

C. 移到装夹原点　　D. 刀架不移动

80. 多齿分度台在工具制造中广泛应用于精密的分度定位、测量或加工精密（　　）。

A. 仪表　　B. 同转零件　　C. 分度零件　　D. 箱体零件

二、断题（第 1 题～第 20 题。判断结果填入括号中，确的填“√”，错误的填“×”。每题 1 分，满分 20 分。）

81. 加工精度要求高的键槽时，应该掌握粗、分开的原则。（　　）

82. 识读装配图首先要看标题栏和明细表。（　　）

83. 扩孔加工精度比钻孔加工高。（　　）

84. 数控机床数控部分出现故障死机后，数控人员应关掉电源后再重新开机，然后执行程序即可。（　　）

85. 灰口铸铁组织是钢的基体上分布有片状石墨，灰口铸铁的抗压强度远大于抗拉强度。 ( )

86. 模态码就是续效代码，G00、G03、G17、G41 是模态码。 ( )

87. 除基本视图外，还有全剖视图、半剖视图和旋转视图三种视图。 ( )

88. 按刀柄与主轴连接方式分一面约束和刀柄锥面及端面与主轴孔配合的二面约束。 ( )

89. 铣削内轮廓时，外拐角圆弧半径必须大于刀具半径。 ( )

90. 图形模拟不但能检查刀具运动轨迹是否正确，还能查出被加工零件的精度。 ( )

91. 采用斜视图表达倾斜构件可以反映构件的实形。 ( )

92. 偶发性故障是比较容易被人发现与解决的。 ( )

93. S 指令的功能是指定主轴转速的功能和使主轴旋转。 ( )

94. 工作前必须戴好劳动保护用品，女工戴好工作帽，不准围围巾，禁止穿高跟鞋。操作时不准戴手套，不准与他人闲谈，精神要集中。 ( )

95. 计算机操作系统中文件系统最基本的功能是实现按名存取。 ( )

96. 与非数控的机床相比，数控铣床镗孔可以取得更高的孔径精度和孔的位置精度。 ( )

97. 铰刀的齿槽有螺旋槽和直槽两种。其中直槽铰刀切削平稳、振动小、寿命长、铰孔质量好，尤其适用于铰削轴向带有键槽的孔。 ( )

98. 数控机床自动执行程序过程中不能停止。 ( )

99. 金属的切削加工性能与金属的力学性能有关。 ( )

100. 无论加工内轮廓或者外轮廓，刀具发生磨损时都会造成零件加工产生误差。通常在不考虑其他因素时，只需调整刀具半径补偿值即可修正。 ( )

理论知识考核模拟试卷6

一、单项选择题（第1题～第80题。选择一个正确的答案，将相应的字母填入题内的括号中。每题1分，满分80分。）

1. 将二进制数10000101转换成十进制数是（　　）。

A. 131　　B. 130　　C. 132　　D. 133

2. 按照标准规定：数控机床任意300 mm测量长度上的定位精度，普通级是（　　）mm。

A. 1.9　　B. 0.02　　C. 0.2　　D. 0.3

3. 将淬火后的钢件在低温介质（如干冰、液氮）中冷却到（　　）或更低，温度均匀一致后取出均温到室温。

A. −30～0℃　　B. −50～−30℃　　C. −80～−60℃　　D. −100℃以下

4. 液压夹紧时，液压系统的压力一般可以达到（　　）MPa。

A. 1～2　　B. 3～8　　C. 3～9　　D. 9～13

5. C功能刀具半径补偿自动处理两个程序段刀具中心轨迹的转接，不属于其转接的形式有（　　）转接。

A. 缩短型　　B. 圆弧过渡型　　C. 伸长型　　D. 插入型

6. 在电动机转速超速超过设定值的原因分析中，不包括（　　）。

A. 主轴电动机电枢部分故障　　B. 主轴控制板故障

C. 机床参数设定错误　　D. 伺服电动机故障

7. 氮化硅陶瓷是一种新型陶瓷，它的硬度（　　）。

A. 仅次于金刚石而居第二位

B. 仅次于金刚石、立方氮化硼而居第三位

C. 仅次于金刚石、立方氮化硼和碳化硼而居第四位

8. 数控铣开机后出现了报警信息：AIR ALARM CANNOT CYCLE START，该报警信息的含义是（　　）。

A. 循环启动不能操作　　B. 报警故障不能启动

C. 气压报警不能循环启动　　D. 以上三者都不是

9. 在顺铣时，工作台纵向丝杠的螺纹与螺母之间的间隙，及丝杠两端轴承的轴向间隙

之和应调整在（　　）mm 的范围内较为合适。

A. 0～0.02　　B. 0.04～0.08　　C. 0.1～1　　D. 0.1～0.5

10. 错齿内排屑深孔钻主要用于加工直径在 18～185 mm、深径比在（　　）以内的深孔。

A. 100　　B. 60　　C. 120　　D. 80

11. 固定循环指令中地址 R 与地址 Z 的数据指定与（　　）的方式选择有关。

A. G98 或 G99　　B. G90 或 G91　　C. G41 或 G42　　D. G43 或 G44

12. 数控加工生产中，平行铣削粗加工有 Zigzag，表示（　　）进刀加工。

A. 环行　　B. 切向　　C 双向　　D. 一个方向

13. 华中Ⅰ型数控系统能实现 4 通道 16 轴控制和 9 轴联动，有独创性的 SDI 算法，能实现复杂曲面的（　　），可获得最大的轮廓逼近精度。

A. 直接插补　　B. 直线插补　　C. 顺圆插补　　D. 逆圆插补

14. 立式铣钻数控机床的机械原点是（　　）。

A. 直线端点　　B. 平面原点　　C. 三维面的交点　　D. 主轴端面中心

15. G92 X20 Y50 Z30 M03 表示（　　）。

A. 点（20，50，30）为刀具的起点　　B. 点（20，50，30）为程序起点

C. 点（20，50，30）为机床参考点　　D. 点（20，50，30）为工件零点

16. 某个程序中安排字符的集合，称为"字"。（　　）是由各种"字"组成的。

A. 程序　　B. 程序段　　C. 指令　　D. 地址

17. 位移量与指令脉冲数量（　　）。

A. 相等　　B. 相反　　C. 成反比　　D. 成正比

18. 工件（　　）的偏置尺寸可用高度游标尺或高度千分尺直接测得。

A. X 轴　　B. Y 轴　　C. Z 轴　　D. C 轴

19. 在机床执行自动方式下按进给暂停键时，（　　）立即停止，一般在编程出错或将碰撞时按此键。

A. 计算机　　B. 控制系统　　C. 主轴转动　　D. 进给运动

20. 工件编程零点偏置原则之一：指令（　　），其偏置尺寸相加。

A. G54 与 G55　　B. G92 与 G56　　C. G54 与 G58　　D. G53 与 G56

21. 以下关于五轴联动机床运动类型的描述（　　）是错误的。

A. 双摆头　　B. 双摆台

C. 一摆头＋一摆台　　D. 双摆头＋一摆台

22. 在多轴加工中，以下关于工件定位与机床关系的描述中（　　）是错误的。

A. 机床各部件之间的关系

B. 工件坐标系原点与旋转轴的位置关系

C. 刀尖点或刀心点与旋转轴的位置关系

D. 直线轴与旋转轴的关系

23. 在多轴加工中，半精加工的工艺安排原则是给精加工留下（　　）。

A. 小而均匀的余量、足够的刚性　　B. 均匀的余量、适中的表面粗糙度

C. 均匀的余量、尽可能大的刚性　　D. 尽可能小的余量、适中的表面粗糙度

24. 多轴加工叶轮，精加工时如果底面余量过大而容易造成的最严重后果是（　　）。

A. 刀具容易折断　　B. 刀具与被加工表面干涉

C. 清根时过切　　D. 被加工表面粗糙度不佳

25. 叶轮的五轴加工时，三轴粗加工留余量单边 4 mm；半精加工采用变轴曲面轮廓铣，各处留余量不一，以下（　　）做法相对来说是最合理的。

A. 上 1/3 部分余量 1.0 mm、中 1/3 部分余量 0.5 mm、下 1/3 部分余量 2.0 mm、底座余量 1.0 mm

B. 上 1/3 部分余量 0.5 mm、中 1/3 部分余量 1.0 mm、下 1/3 部分余量 2.0 mm、底座余量 1.0 mm

C. 上 1/3 部分余量 0.5 mm、中 1/3 部分余量 1.0 mm、下 1/3 部分余量 2.0 mm、底座余量 0.5 mm

D. 上 1/3 部分余量 2.0 mm、中 1/3 部分余量 1.0 mm、下 1/3 部分余量 0.5 mm、底座余量 0.5 mm

26. （　　）是用来确定工件坐标系的基本坐标系，其坐标和运动方向视机床的种类和结构而定。

A. 机床坐标系　　B. 世界坐标系　　C. 局部坐标系　　D. 浮动坐标系

27. GSK983M 数控系统准备功能中，拐角偏移圆弧插补的指令是（　　）。

A. G40　　B. G39　　C. G42　　D. G43

28. 在孔加工时，往往需要快速接近工件，工进速度进行孔加工及孔加工完后（　　）退回三个固定动作。

A. 线速度　　B. 工进速度　　C. 旋转速度　　D. 快速

29. 刀具位置偏置量由参数设定，偏置量的选择代码可以为（　　）。

A. T　　B. Q　　C. H 或 O　　D. P 或 R

30. F150 表示进给速度为 150（　　）（公制）。

A. mm/s　　B. m/r　　C. mm/min　　D. in/s

31．当运行含有 G20 指令的程序时，突然断电，重新通电后系统处于（　　）状态。

A．直线插补　　B．快速移动

C．公制数据输入　　D．英制数据输入

32．在孔加工时，往往需要快速接近工件，（　　）进行孔加工及孔加工完后旋转速度退回三个固定动作。

A．快速　　B．工进速度　　C．旋转速度　　D．线速度

33．在前面的程序段，指令了固定循环 Z、R、Q、P 指令，在后续加工（　　）指定。

A．不必重新　　B．每个必须重新

C．根据变化对应　　D．A．B．C 都错

34．卧式数控铣机床的（　　）简单，传动精度高、速度快。

A．数控系统　　B．反馈装置　　C．传动系统结构　　D．伺服机构

35．为了避免程序错误造成刀具与机床部件或其他附件相撞，数控机床有（　　）行程极限。

A．一种　　B．两种　　C．三种　　D．多种

36．（　　）工序高度集中。

A．数控磨床　　B．数控铣　　C．数控铣床　　D．数控车床

37．固定循环指令中地址 R 与地址 Z 的数据指定与（　　）的方式选择有关。

A．G98 或 G99　　B．G90 或 G91　　C．G41 或 G42　　D．G43 或 G44

38．GSK990M 数控系统孔加工数据，G73 方式中 Q 是（　　）值，与 G90、G91 选择无关。

A．直角　　B．增量　　C．坐标　　D．绝对

39．数控铣按主轴方向可分为立式和卧式外，还有用于精密加工的（　　）构造数控铣。

A．单柱型　　B．组合型　　C．龙门型　　D．模块型

40．卧式数控铣传动装置由（　　）直接驱动，传递速度快，可达 15 m/min。

A．交流电机　　B．变速箱　　C．皮带轮　　D．伺服电动机

41．在 PLC 的基本指令中，LD 和 LDI 分别表示常开点和常闭点，（　　）分别表示常开点串联和常闭点串联。

A．OR 和 ORI　　B．AND 和 ANI　　C．OUT 和 TIM　　D．MC 和 MCI

42．在逐点比较插补法中，反映刀具偏离所加工曲线情况的是（　　）。

A．偏差函数　　B．被积函数　　C．积分函数　　D．插补函数

43．主轴三角皮带定期调整的时间，首次是（　　）个月，以后每六个月调整一次。

A. 一　B. 二　C. 三　D. 四

44. 逐点比较法直线插补的判别式函数为（　　）。

A. F = Xi - Xe　B. F = Ye + Yi　C. F = XeYi - XiYe　D. F = Xe - Yi

45. 高精度量仪按结构特点，主要分为光学机械类量仪、电学类量仪、激光类量仪、（　　）类量仪以及新型精密量仪。

A. 机械　B. 光学　C. 电子　D. 光学电子

46. 属于刀具半径补偿的指令（　　）。

A. G41、G42、G40　B. G39、G40、G41

C. G41、G42、G43　D. G40、G49、G80

47. 数控铣换刀完毕（　　）后，方可进行下一程序段的加工内容。

A. 启动电机　B. 关闭电机　C. 启动主轴　D. 关闭主轴

48. 奥氏体不锈钢和45号钢相比，在铣削过程中，表面产生硬化的程度（　　）。

A. 前者大　B. 后者大　C. 基本一样

49. 对以小直径定心的矩形花键轴，一般选用（　　）为定位基准。

A. 大直径　B. 小直径

C. 两中心孔　D. 其他几何参数

50. （　　）可以设在被加工零件上，也可以设在夹具或机床上与零件定位基准有一定尺寸联系的某一位置上。

A. 编程坐标　B. 对刀点　C. 工件坐标　D. 参考点

51. 车削数控铣的C轴功能包括定向停车、（　　）和分度功能。

A. 圆周进给　B. 法向进给　C. 径向进给　D. 轴向进给

52. （　　）是指一个工人在单位时间内生产出合格的产品的数量。

A. 工序时间定额　B. 生产时间定额

C. 劳动生产率

53. 机床精度指数可衡量机床精度，机床精度指数（　　），机床精度高。

A. 大　B. 小　C. 无变化　D. 为零

54. 钢直尺的测量精度一般能达到（　　）。

A. 0.2～0.5 mm　B. 0.5～0.8 mm

C. 0.1～0.2 mm

55. 刀具磨钝标准通常都按（　　）的磨损值来制定。

A. 月牙洼深度　B. 前面　C. 后面　D. 刀尖

56. 步进电动机所用的电源是（　　）。

A．直流电源　　B．交流电源　　C．脉冲电源　　D．数字信号

57．限位开关在电路中起的作用是（　　）。

A．短路保护　　B．过载保护　　C．欠压保护　　D．行程控制

58．数控机床在轮廓拐角处产生“欠程”现象，应采用（　　）方法控制。

A．提高进给速度　　B．修改坐标点

C．减速或暂停　　D．人工补偿

59．数控机床位置检测装置中（　　）属于旋转型检测装置。

A．感应同步器　　B．脉冲编码器　　C．光栅　　D．磁栅

60．凡由引火性液体及固体油脂物体所引起的油类火灾，按 GB4351 为（　　）。

A．D 类　　B．C 类　　C．B 类　　D．A 类

61．多轴加工可以把点接触改为线接触从而提高（　　）。

A．加工质量　　B．加工精度　　C．加工效率　　D．加工范围

62．对一些有试刀要求的刀具，应采用（　　）的方式进行。

A．快进　　B．慢进　　C．渐进　　D．工进

63．在加工工件单段试切时，快速倍率开关必须置于（　　）挡。

A．较高　　B．较低　　C．中间　　D．最高

64．波度的波高一般为（　　）μm。

A．18　　B．20　　C．10～15　　D．20～35

65．高速钢刀具一般采用（　　）涂层。

A．PVD 法　　B．CVD 法

C．PACVD 法　　D．PVD/CVD 相结合

66．五轴联动机床一般由 3 个平动轴加上两个回转轴组成，根据旋转轴具体结构的不同可分为（　　）种形式。

A．2　　B．3　　C．4　　D．5

67．（　　）是五轴加工的一般控制方法。

A．垂直于加工表面　　B．平行于加工表面

C．倾斜于加工表面

68．复杂曲面加工过程中往往通过改变（　　）来避免刀具、工件、夹具和机床间的干涉和优化数控程序。

A．距离　　B．角度　　C．矢量　　D．方向

69．高速数控机床主轴的轴承一般采用（　　）。

A．滚动轴承　　B．液体静压轴承　　C．气体静压轴承　　D．磁力轴承

70. 多轴加工的刀轴控制方式与三轴固定轮廓铣不同之处在于对刀具轴线（　　）的控制。

A. 距离　　B. 角度　　C. 矢量　　D. 方向

71. 50F7/h6 采用的是（　　）。

A. 一定是基孔制　　B. 一定是基轴制

C. 可能是基孔制或基轴制　　D. 混合制

72. V 形带的型号代号是（　　）。

A. 由大径的圆周长表示　　B. 由小径的圆周长表示

C. 由中性作用的圆周长表示

73. 金属在固态下晶体结构随温度发生变化的现象称为同素异晶转变，纯铁在温度高于 1 394℃时，由面心立方结构转化为（　　）。

A. 体心立方结构　B. 面心立方结构　C. 密排六方结构

74. 数控机床操作中，如要选用手轮方式，应按（　　）键。

A. HANDLE　　B. EDIT　　C. JOG　　D. HELP

75. （　　）主要性能是不易溶于水，但熔点低，耐热能力差。

A. 钠基润滑脂　B. 钙基润滑脂　C. 锂基润滑脂　D. 石墨润滑脂

76. 如果能在加工过程中，根据实际参数的变化值，自动改变机床切削进给量，使数控机床能适应任一瞬时的变化，始终保持在最佳加工状态，这种控制方法叫（　　）。

A. 自适应控制　B. 轮廓控制　C. 闭环控制　D. 点位控制

77. 陶瓷涂层刀具材料是通过（　　）或其他方法，在强度和韧性比较高的硬质合金或高速钢基体上涂覆一薄层 Al_2O_3、Si_3N_4、$TiC-Al_2O_3$、$TiC-Al_2O_3-TiN$ 或 $Al_2O_3-Si_3N_4-TiN$ 陶瓷材料，利用基体材料和涂层材料各自优点，在提高了材料硬度和耐磨性的同时，不会导致材料强度和韧性的显著降低。

A. 气相沉积方法　　B. PVD 软涂层工艺

C. 增韧补强方法　　D. 热喷涂方法

78. 纳米级（　　）和 ZnO 等光催化无机抗菌剂可应用于超细纤维等特殊场合，是前景广阔的新型抗菌材料。

A. Al_2O_3　　B. TiO_2　　C. TiC　　D. TiN

79. 铝和（　　）以及它们的合金，是应用最早的热喷涂材料，最初是用于熔线式喷涂。

A. 铜　　B. 钼　　C. 镍　　D. 锌

80. 碳纤维呈黑色，坚硬，具有强度高、质量轻等特点，是一种力学性能优异的新材料，比重不到钢的1/4，碳纤维树脂复合材料抗拉强度一般都在3 500 MPa以上，是钢的(　　)倍，抗拉弹性模量为23 000～43 000 MPa，也高于钢。

A. 2～3　　B. 8～12　　C. 7～9　　D. 15～18

二、判断题（第81题～第100题。将判断结果填入括号中，正确的填“√”，错误的填“×”。每题1分，满分20分。）

81. 按粗、精加工划分工序时，粗加工要留出一定的加工余量，重新装夹后再完成精加工。(　　)

82. 加工路线确定时，应是先内后外，既先进行内部型腔的加工工序，后进行外形的加工。(　　)

83. 旋转坐标A、B、C分别表示其轴线为平行于x、y、z坐标轴的旋转坐标。(　　)

84. 驱动系统的主要功能是接收来自数控系统的信息，按其要求来驱动X、Y、Z轴及主轴电动机，从而带动机床运动部件，完成零件加工。(　　)

85. 光栅是一种高精度的位移传感器。闭环伺服系统的数控机床，往往采用光栅作为位移检测装置。(　　)

86. 刀具材料为立方氮化硼，适用于硬质合金、陶瓷、高硅铝合金等高硬度耐磨材料的切削加工。(　　)

87. 有G41、G42指令必须指定一补偿号，并可在G02、G03状态下进行刀具半径补偿。(　　)

88. 加工半径小于刀具半径的内圆弧，当程序给定的圆弧半径小于刀具半径时，向圆弧圆心方向的半径补偿将会导致过切。(　　)

89. 通常车间生产过程仅仅包含以下四个组成部分：基本生产过程、辅助生产过程、生产技术准备过程、生产服务过程。(　　)

90. 当数控加工程序编制完成后即可进行正式加工。(　　)

91. 圆弧插补中，对于整圆，其起点和终点相重合，用R编程无法定义，所以只能用圆心坐标编程。(　　)

92. 数控机床在输入程序时，不论何种系统坐标值，不论是整数和小数，都不必加入小数点。(　　)

93. 非模态指令只能在本程序段内有效。(　　)

94. 顺时针圆弧插补（G02）和逆时针圆弧插补（G03）的判别方向是：沿着不在圆弧平面的坐标轴负方向向正方向看去，顺时针方向为G02，逆时针方向为G03。(　　)

95. 伺服系统的执行机构常采用直流或交流伺服电动机。(　　)

96. 数控机床按工艺用途分类，可分为数控切削机床、数控电加工机床、数控测量

机等。（　　）

97. 数控机床按控制坐标轴数分类，可分为两坐标数控机床、三坐标数控机床、多坐标数控机床和五面加工数控机床等。（　　）

98. 液压系统的输出功率就是液压缸等执行元件的工作功率。（　　）

99. 数控铣床加工时保持工件切削点的线速度不变的功能称为恒线速度控制。（　　）

100. 数控机床的机床坐标原点和机床参考点是重合的。（　　）

理论知识考核模拟试卷 1 参考答案

一、单项选择题（第 1 题～第 80 题。选择一个正确的答案，将相应的字母填入题内的括号中。每题 1 分，满分 80 分。）

1. C　2. B　3. D　4. A　5. B　6. A　7. C　8. D　9. B
10. D　11. B　12. A　13. C　14. D　15. B　16. B　17. B　18. A
19. C　20. B　21. C　22. C　23. B　24. B　25. C　26. A　27. C
28. C　29. A　30. C　31. A　32. B　33. C　34. C　35. A　36. B
37. C　38. C　39. C　40. C　41. A　42. B　43. A　44. B　45. A
46. B　47. B　48. B　49. A　50. B　51. D　52. B　53. C　54. B
55. C　56. B　57. A　58. C　59. B　60. A　61. B　62. A　63. B
64. C　65. B　66. C　67. D　68. A　69. C　70. A　71. C　72. A
73. B　74. B　75. A　76. B　77. A　78. A　79. B　80. B

二、判断题（第 81 题～第 100 题。将判断结果填入括号中，正确的填“√”，错误的填“×”。每题 1 分，满分 20 分。）

81. √　82. √　83. √　84. √　85. √　86. ×　87. ×　88. √　89. √
90. ×　91. √　92. ×　93. √　94. ×　95. √　96. √　97. ×　98. √
99. ×　100. ×

理论知识考核模拟试卷 2 参考答案

一、单项选择题（第 1 题～第 80 题。选择一个正确的答案，将相应的字母填入题内的括号中。每题 1 分，满分 80 分。）

1. C　2. B　3. D　4. D　5. B　6. A　7. C　8. D　9. B
10. B　11. C　12. C　13. A　14. B　15. C　16. B　17. D　18. B
19. B　20. B　21. B　22. D　23. D　24. B　25. C　26. A　27. D
28. D　29. C　30. C　31. D　32. B　33. C　34. B　35. C　36. D
37. A　38. D　39. C　40. B　41. A　42. A　43. B　44. B　45. B
46. D　47. B　48. C　49. B　50. C　51. A　52. B　53. C　54. B
55. D　56. C　57. A　58. C　59. C　60. C　61. B　62. C　63. C
64. B　65. B　66. C　67. A　68. A　69. A　70. B　71. A　72. B
73. C　74. C　75. B　76. C　77. C　78. A　79. C　80. C

二、判断题（第 81 题～第 100 题。将判断结果填入括号中，正确的填“√”，错误的填“×”。每题 1 分，满分 20 分。）

81. ×　82. √　83. ×　84. √　85. ×　86. √　87. ×　88. √　89. ×
90. ×　91. √　92. ×　93. ×　94. ×　95. ×　96. √　97. √　98. √
99. ×　100. √

理论知识考核模拟试卷3参考答案

一、单项选择题（第1题~第80题。选择一个正确的答案，将相应的字母填入题内的括号中。每题1分，满分80分。）

1. B　2. D　3. B　4. B　5. A　6. C　7. C　8. C　9. C
10. A　11. D　12. D　13. A　14. C　15. B　16. A　17. A　18. D
19. B　20. B　21. B　22. C　23. D　24. C　25. B　26. C　27. A
28. D　29. A　30. C　31. A　32. A　33. D　34. A　35. A　36. B
37. A　38. B　39. B　40. B　41. B　42. C　43. A　44. B　45. C
46. C　47. C　48. C　49. A　50. B　51. A　52. C　53. B　54. C
55. B　56. C　57. B　58. C　59. A　60. B　61. A　62. B　63. D
64. D　65. B　66. B　67. D　68. B　69. D　70. C　71. B　72. B
73. A　74. B　75. C　76. C　77. C　78. B　79. A　80. C

二、判断题（第81题~第100题。将判断结果填入括号中，正确的填“√”，错误的填“×”。每题1分，满分20分。）

81. √　82. ×　83. ×　84. ×　85. ×　86. √　87. ×　88. √　89. ×
90. ×　91. √　92. √　93. ×　94. √　15. √　96. √　97. √　98. ×
99. √　100. √

理论知识考核模拟试卷4参考答案

一、单项选择题（题第1题～第80题。选择一个正确的答案，将相应的字母填入题内的括号中。每题1分，满分80分。）

1. A　2. D　3. A　4. A　5. C　6. B　7. B　8. A　9. A

10. B　11. B　12. A　13. C　14. B　15. A　16. A　17. A　18. A

19. B　20. C　21. A　22. B　23. A　24. B　25. B　26. B　27. B

28. B　29. D　30. D　31. C　32. A　33. A　34. A　35. C　36. D

37. C　38. C　39. A　40. B　41. B　42. A　43. A　44. C　45. D

46. C　47. A　48. A　49. C　50. C　51. A　52. C　53. A　54. A

55. D　56. C　57. B　58. C　59. A　60. B　61. B　62. D　63. D

64. D　65. D　66. A　67. A　68. D　69. A　70. C　71. B　72. C

73. C　74. A　75. D　76. B　77. C　78. C　79. C　80. B

二、判断题（第81题～第100题。将判断结果填入括号中，正确的填"√"，错误的填"×"。每题1分，满分20分。）

81. √　82. √　83. √　84. ×　85. √　86. √　87. √　88. ×　89. √

90. ×　91. ×　92. ×　93. √　94. ×　95. √　96. √　97. ×　98. √

99. ×　100. √

理论知识考核模拟试卷5参考答案

一、单项选择题（第1题～第80题。选择一个正确的答案，将相应的字母填入题内的括号中。每题1分，满分80分。）

1. B　2. D　3. B　4. D　5. A　6. B　7. C　8. A　9. A
10. B　11. B　12. B　13. A　14. B　15. A　16. C　17. A　18. B
19. C　20. A　21. C　22. B　23. A　24. C　25. D　26. B　27. D
28. D　29. C　30. D　31. C　32. A　33. C　34. B　35. D　36. B
37. B　38. A　39. C　40. C　41. B　42. D　43. B　44. B　45. D
46. D　47. B　48. C　49. D　50. A　51. D　52. B　53. C　54. D
55. B　56. B　57. A　58. D　59. D　60. B　61. A　62. B　63. D
64. A　65. C　66. D　67. C　68. B　69. D　70. D　71. A　72. D
73. C　74. B　75. A　76. A　77. A　78. C　79. B　80. D

二、判断题（第81题～第100题。将判断结果填入括号中，正确的填“√”，错误的填“×”。每题1分，满分20分。）

81. √　82. √　83. √　84. ×　85. √　86. ×　87. √　88. √　89. √
90. ×　91. √　12. ×　93. √　94. √　95. ×　96. √　97. ×　98. ×
99. √　100. √

理论知识考核模拟试卷6参考答案

一、单项选择题（第1题~第80题。选择一个正确的答案，将相应的字母填入题内的括号中。每题1分，满分80分。）

1. D　2. B　3. C　4. B　5. B　6. D　7. C　8. C　9. B
10. A　11. B　12. C　13. A　14. C　15. A　16. B　17. D　18. C
19. D　20. C　21. D　22. D　23. A　24. C　25. B　26. A　27. B
28. D　29. C　30. A　31. D　32. A　33. C　34. C　35. B　36. B
37. B　38. B　39. C　40. D　41. B　42. A　43. C　44. C　45. D
46. A　47. C　48. A　49. C　50. B　51. A　52. C　53. B　54. A
55. C　56. C　57. D　58. B　59. D　60. C　61. A　62. C　63. B
64. C　65. A　66. B　67. C　68. B　69. D　70. C　71. B　72. C
73. A　74. A　75. B　76. A　77. A　78. B　79. A　80. C

二、判断题（第81题~第100题。将判断结果填入括号中，正确的填“√”，错误的填“×”。每题1分，满分20分。）

81. √　82. √　83. √　84. √　85. √　86. ×　87. ×　88. √　89. √
90. ×　91. √　92. ×　93. √　94. ×　95. √　96. √　97. ×　98. √
99. ×　100. ×

操作技能考核模拟试卷 1

1. 准备要求

（1）安全文明生产准备

1）工作服、帽、鞋穿戴整齐。

2）工作场地按“5S”或“6S”标准管理。

（2）机床设备准备

1）设备。BV75 立式数控铣。检查机床机、电、切削液、气压各部分安全可靠。

2）数控系统。FANUC 0i—MC 或 SIEMENS802D、810D、828D。

说明：可结合实际情况，选择其他型号的立式数控铣机床及数控系统。

（3）材料准备

材料为 45 钢，材料毛坯的尺寸形状如图 3—1 所示。

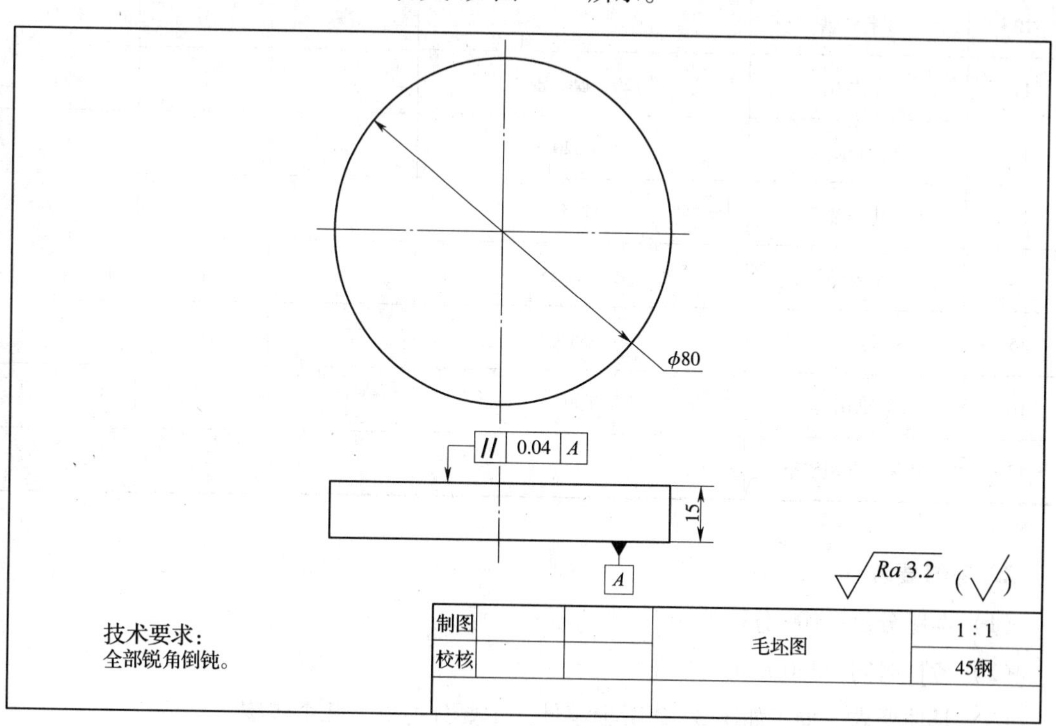

图 3—1 毛坯图

（4）工、刃、量、辅具准备

工、量、刃真清单			图号		
序号	名称	规格（mm）	精度（mm）	单位	数量
1	寻边器	ϕ10	0.002	个	1
2	Z 轴设定器	50	0.01	个	1
3	带表游标卡尺	1～150	0.01	把	1
4	深度游标卡尺	0～200	0.02	把	1
5	外径千分表	50～75	0.01	把	1
6	杠杆百分表及表座	0～0.8	0.01	个	1
7	半径规	R100、R7～R14.5		套	各1
8	粗糙度样板	N0～N1	12级	副	
9	塞规	ϕ8	H7	个	
10	平行垫铁		高	副	若干
11	立铣刀	ϕ20、ϕ8、ϕ6		个	各2
12	万能角度尺	0°～320°		个	1
13	中心钻	A2.5		个	1
14	麻花钻	ϕ6、ϕ7.8		个	1
15	铰刀	ϕ8	H7	个	
16	辅助用具	毛刷			1
17	机床保养用棉布				若干

2. 考核要求

（1）本题分值：100分。

（2）考核时间：240 min。

（3）具体要求。加工如图3—2所示零件，主要分为以下几个步骤。

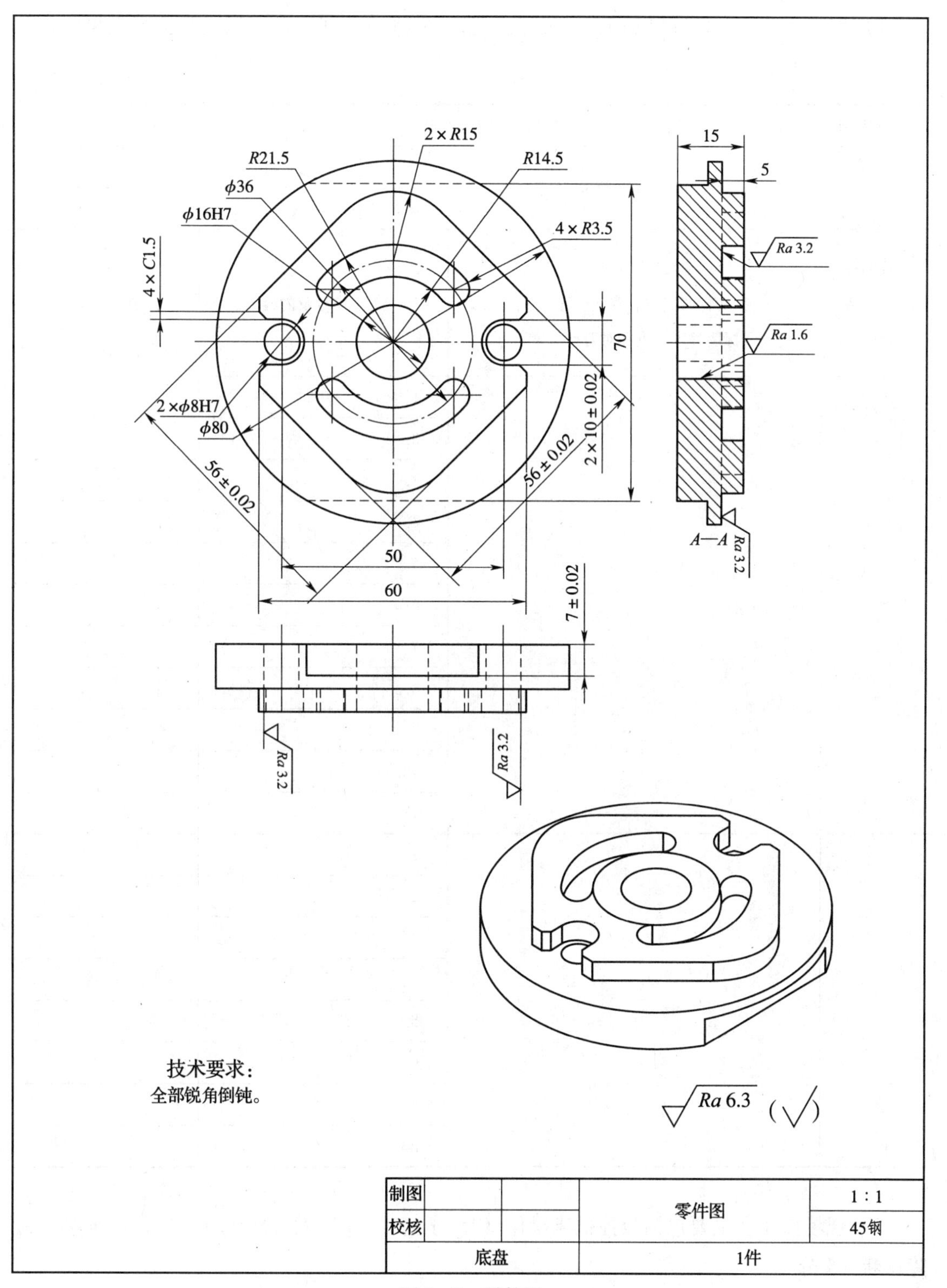
2×R15
R21.5
R14.5
ϕ36
ϕ16H7
4×R3.5
4×C1.5
70
2×ϕ8H7
ϕ80
2×10±0.02
56±0.02
56±0.02
50
60
7±0.02
15
5
Ra 3.2
Ra 1.6
A—A
Ra 3.2
Ra 3.2
Ra 3.2
技术要求：
全部锐角倒钝。
Ra 6.3 (√)
制图
校核
零件图
1∶1
45钢
底盘
1件

图 3—2　零件图

1）现场笔试。合理安排加工工艺路线，选用合适的夹具并制定工艺及编写完整的加工程序单（30分）。

<table>
<tr><td>职业</td><td>数控铣工</td><td>等级</td><td>中级</td><td>姓名：</td><td>得分</td><td></td></tr>
<tr><td colspan="4" rowspan="2">数控铣工工艺简卡</td><td>考试时间</td><td colspan="2"></td></tr>
<tr><td>单位</td><td colspan="2"></td></tr>
<tr><td>工序名称
及加工程
序号</td><td colspan="2">工艺简图
（标明定位、装夹位置）
（标明程序原点和对刀点位置）</td><td colspan="2">工步序号及内容</td><td colspan="2">选用刀具</td></tr>
<tr><td rowspan="11"></td><td colspan="2" rowspan="11"></td><td colspan="2">1.</td><td colspan="2"></td></tr>
<tr><td colspan="2">2.</td><td colspan="2"></td></tr>
<tr><td colspan="2">3.</td><td colspan="2"></td></tr>
<tr><td colspan="2">4.</td><td colspan="2"></td></tr>
<tr><td colspan="2">5.</td><td colspan="2"></td></tr>
<tr><td colspan="2">6.</td><td colspan="2"></td></tr>
<tr><td colspan="2">7.</td><td colspan="2"></td></tr>
<tr><td colspan="2">8.</td><td colspan="2"></td></tr>
<tr><td colspan="2">9.</td><td colspan="2"></td></tr>
<tr><td colspan="2">10.</td><td colspan="2"></td></tr>
<tr><td colspan="2">11.</td><td colspan="2"></td></tr>
<tr><td rowspan="8"></td><td colspan="2" rowspan="8"></td><td colspan="2">1.</td><td colspan="2"></td></tr>
<tr><td colspan="2">2.</td><td colspan="2"></td></tr>
<tr><td colspan="2">3.</td><td colspan="2"></td></tr>
<tr><td colspan="2">4.</td><td colspan="2"></td></tr>
<tr><td colspan="2">5.</td><td colspan="2"></td></tr>
<tr><td colspan="2">6.</td><td colspan="2"></td></tr>
<tr><td colspan="2">7.</td><td colspan="2"></td></tr>
<tr><td colspan="2">8.</td><td colspan="2"></td></tr>
</table>

2）现场操作。主要包括数控机床操作（15分）、零件加工（50分）、设备的维护与故障诊断（5分）。

（4）否定项说明。发生重大安全事故、严重违反操作规程者，取消考试。

3. 配分与评分标准

项目		技术要求	配分	评分标准	检测结果	得分
主要项目	1	φ16H7　　Ra1.6	2/5	超差不得分		
	2	2×φ8H7　　Ra3.2	2/5	超差一处扣5分		
	3	7±0.02　　Ra3.2	2	超差不得分		
	4	$\phi40_{-0.1}^{0}$　　Ra3.2	5	超差不得分		
	5	2×56±0.02	2/2	超差一处扣2分		
	6	2×10±0.02	2/2	超差一处扣2分		
一般项目	1	φ36	2	超差不得分		
	2	R21.5	2	超差0.05 mm不得分		
	3	2×R15	2/1	超差一处扣1分		
	4	4×C1.5	4/0.5	超差一处扣0.5分		
	5	R14.5	2	超差不得分		
	6	4×R3.5	4/0.5	超差一处扣0.5分		
	7	70	2	超差0.05 mm不得分		
	8	5　　Ra3.2	2	超差0.05 mm不得分		
	9	7	2	超差0.05 mm不得分		
	10	50	1	超差0.05 mm不得分		
	11	60	1	超差0.05 mm不得分		
现场操作	安全文明生产	1. 着装规范，未受伤 2. 刀具、工具、量具的放置 3. 工件装夹、刀具安装规范 4. 正确使用量具 5. 卫生、设备保养	5	每违反一条酌情扣1分。扣完为止		
	规范操作	1. 开机前的检查和开机顺序正确 2. 机床参考点 3. 正确对刀，建立工件坐标系 4. 正确设置参数 5. 正确仿真校验	5	每违反一条酌情扣1分。扣完为止		
	工艺合理	填写工序卡。工艺不合理，视情况酌情扣分（详见工序卡） 1. 工件定位和夹紧不合理 2. 加工顺序不合理 3. 刀具选择不合理 4. 关键工序错误	10	每违反一条酌情扣2分。扣完为止		

续表

<table>
<tr><th colspan="2">项目</th><th>技术要求</th><th>配分</th><th>评分标准</th><th>检测结果</th><th>得分</th></tr>
<tr><td rowspan="4">现场操作</td><td>程序编制</td><td>1. 指令正确，程序完整
2. 运用刀具半径和长度补偿功能
3. 数值计算正确、程序编写表现出一定的技巧，简化计算和加工程序</td><td>30</td><td>每违反一项酌情扣6～10分。扣完为止</td><td></td><td></td></tr>
<tr><td rowspan="3">按时完成</td><td rowspan="3"></td><td rowspan="3"></td><td>超时≤15 min：扣5分</td><td></td><td></td></tr>
<tr><td>超时15～30 min：扣10分</td><td></td><td></td></tr>
<tr><td>超时 > 30 min：不计分</td><td></td><td></td></tr>
<tr><td colspan="3">总配分</td><td>100</td><td>总分</td><td colspan="2"></td></tr>
</table>

操作技能考核模拟试卷 2

1. 准备要求

（1）安全文明生产准备

1）工作服、帽、鞋穿戴整齐。

2）工作场地按“5S”或“6S”标准管理。

（2）机床设备准备

1）设备。BV75 立式数控铣。检查机床机、电、切削液、气压各部分安全可靠。

2）数控系统。FANUC 0i—MC 或 SIEMENS802D、810D、828D。

说明：可结合实际情况，选择其他型号的立式数控铣机床及数控系统。

（3）材料准备

材料为 45 钢，材料毛坯的尺寸形状如图 3—3 所示。

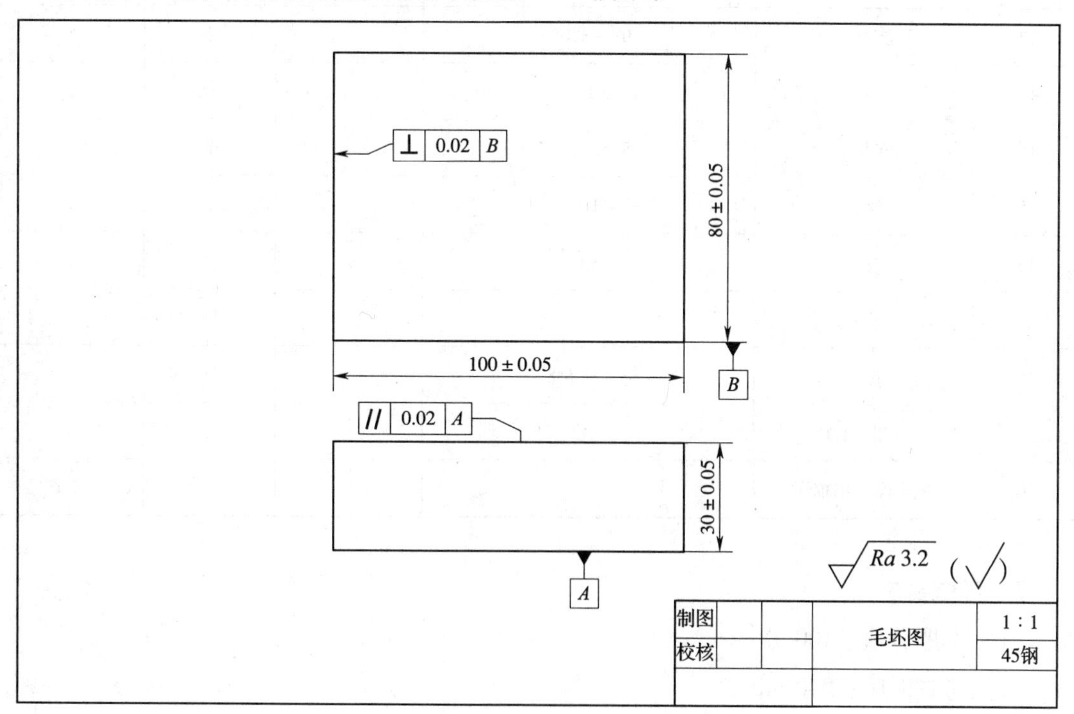

图 3—3　毛坯图

（4）工、刃、量、辅具准备

工、量、刃真清单			图号		
序号	名称	规格（mm）	精度（mm）	单位	数量
1	寻边器	$\phi10$	0.002	个	1
2	Z 轴设定器	50	0.01	个	1
3	带表游标卡尺	1～150	0.01	把	1
4	深度游标卡尺	0～200	0.02	把	1
5	外径千分表	50～75	0.01	把	1
6	杠杆百分表及表座	0～0.8	0.01	个	1
7	半径规	$R100$、$R7$～$R14.5$		套	各1
8	粗糙度样板	$N0$～$N1$	12级	副	
9	塞规	$\phi10$	H7	个	
10	平行垫铁		高	副	若干
11	立铣刀	$\phi20$、$\phi8$、$\phi6$		个	各2
12	万能角度尺	0°～320°		个	1
13	中心钻	A2.5		个	1
14	麻花钻	$\phi8.5$、$\phi9.7$		个	1
15	丝锥	M10		个	1
16	铰刀	$\phi10$	H7	个	1
17	铰杠			个	1
18	镗刀	$\phi25$～$\phi38$		把	1
19	辅助用具	毛刷			1
20	机床保养用棉布				若干

2. 考核要求

（1）本题分值：100 分。

（2）考核时间：240 min。

（3）具体要求。加工如图 3—4 所示零件，主要分为以下几个步骤。

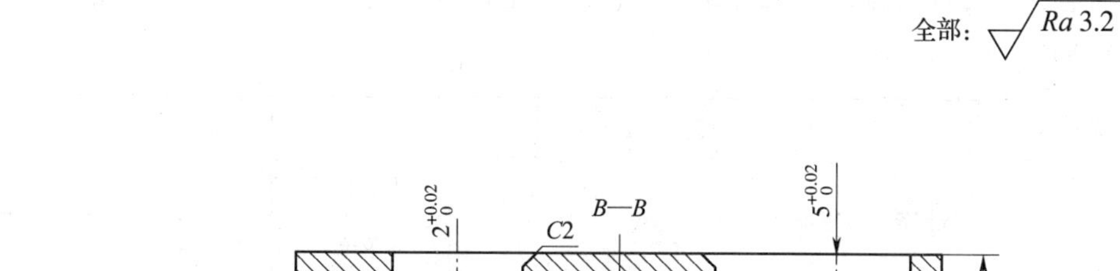

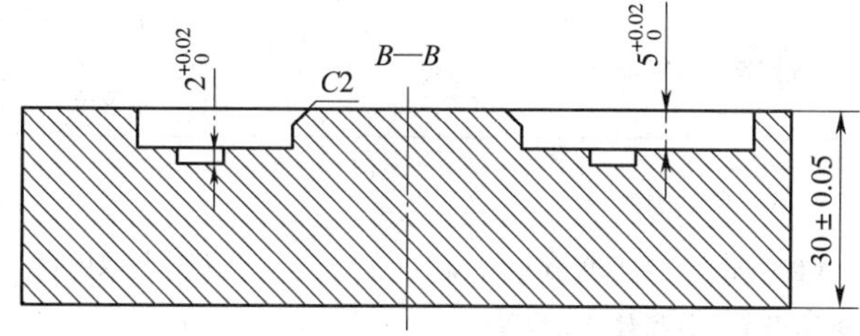

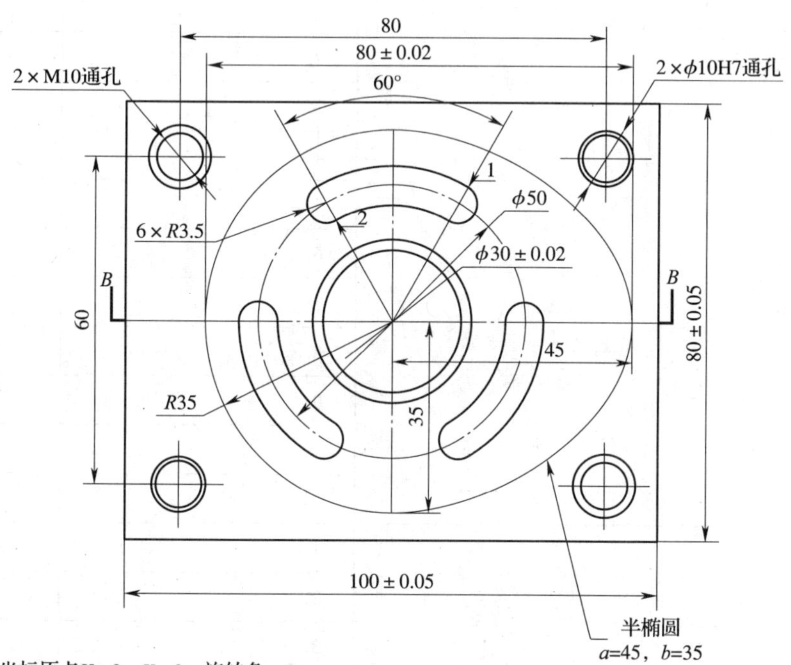

坐标原点X：0，Y：0，旋转角：0

	X	Y
1	14.250	24.682
2	−10.750	18.620

技术要求：

1. 锐角倒钝；
2. 表面不允许磕碰划伤。

制图			零件图	1 : 1
校核				45钢

图 3—4　零件图

1）现场笔试。合理安排加工工艺路线，选用合适的夹具并制定工艺及编写完整的加工程序单（30 分）。

<table>
<tr><td>职业</td><td>数控铣工</td><td>等级</td><td>中级</td><td colspan="2">姓名：</td><td>得分</td><td></td></tr>
<tr><td colspan="5" rowspan="2">数控铣工工艺简卡</td><td>考试时间</td><td colspan="2"></td></tr>
<tr><td>单位</td><td colspan="2"></td></tr>
<tr><td>工序名称
及加工程
序号</td><td colspan="3">工艺简图
（标明定位、装夹位置）
（标明程序原点和对刀点位置）</td><td colspan="2">工步序号及内容</td><td colspan="2">选用刀具</td></tr>
<tr><td rowspan="11"></td><td colspan="3" rowspan="11"></td><td colspan="2">1.</td><td colspan="2"></td></tr>
<tr><td colspan="2">2.</td><td colspan="2"></td></tr>
<tr><td colspan="2">3.</td><td colspan="2"></td></tr>
<tr><td colspan="2">4.</td><td colspan="2"></td></tr>
<tr><td colspan="2">5.</td><td colspan="2"></td></tr>
<tr><td colspan="2">6.</td><td colspan="2"></td></tr>
<tr><td colspan="2">7.</td><td colspan="2"></td></tr>
<tr><td colspan="2">8.</td><td colspan="2"></td></tr>
<tr><td colspan="2">9.</td><td colspan="2"></td></tr>
<tr><td colspan="2">10.</td><td colspan="2"></td></tr>
<tr><td colspan="2">11.</td><td colspan="2"></td></tr>
<tr><td rowspan="8"></td><td colspan="3" rowspan="8"></td><td colspan="2">1.</td><td colspan="2"></td></tr>
<tr><td colspan="2">2.</td><td colspan="2"></td></tr>
<tr><td colspan="2">3.</td><td colspan="2"></td></tr>
<tr><td colspan="2">4.</td><td colspan="2"></td></tr>
<tr><td colspan="2">5.</td><td colspan="2"></td></tr>
<tr><td colspan="2">6.</td><td colspan="2"></td></tr>
<tr><td colspan="2">7.</td><td colspan="2"></td></tr>
<tr><td colspan="2">8.</td><td colspan="2"></td></tr>
</table>

2）现场操作。主要包括数控机床操作（15 分）、零件加工（50 分）、设备的维护与故障诊断（5 分）。

（4）否定项说明。发生重大安全事故、严重违反操作规程者，取消考试。

3. 配分与评分标准

序号	考核内容	考核要点	配分	考核标准	检测结果	得分
1	$\phi30 \pm 0.02$ 凸台	外形	1	形状正确，尺寸误差不超过0.1 mm即得分		
		$\phi30 \pm 0.02$	2	每超差0.01 mm扣1分，超差0.02 mm以上不得分		
		$C2$	3	形状正确，尺寸误差不超过0.2 mm即得分		
		$Ra3.2$	1	降一级扣1分，降两级不得分		
		$5^{+0.02}_{0}$	1	每超差0.01 mm扣1分，超差0.02 mm以上不得分		
		位置度	2	误差超过0.2 mm不得分		
2	$R35$ 半凹槽	外形	1	形状正确，尺寸误差不超过2 mm即得分		
		$R35$	1	每超差0.01 mm扣1分，超差0.03 mm以上不得分		
		$5^{+0.02}_{0}$	1	每超差0.01 mm扣1分，超差0.02 mm以上不得分		
		$Ra3.2$	2	降一级扣3分，降两级不得分		
		位置度	1	误差超过0.2 mm不得分		
3	椭圆 45×35	外形	1	形状正确，尺寸误差不超过2 mm即得分		
		45	1	误差超过0.2 mm不得分		
		35	1	误差超过0.2 mm不得分		
		$5^{+0.02}_{0}$	2	每超差0.01 mm扣1分，超差0.02 mm以上不得分		
		$Ra3.2$	2	降一级扣3分，降两级不得分		
		位置度	2	误差超过0.2 mm不得分		
4	3个腰型槽	外形	1	形状正确，尺寸误差不超过2 mm即得分		
		$6 \times R3.5$	3	每超差0.01 mm扣1分，超差0.02 mm以上不得分		
		60°	1	误差超过1°不得分		
		$2^{+0.02}_{0}$	2	每超差0.01 mm扣1分，超差0.02 mm以上不得分		
		$Ra3.2$	2	降一级扣2分，降两级不得分		

续表

序号	考核内容	考核要点	配分	考核标准	检测结果	得分
5	螺纹孔	外形	4	完成螺纹，即得分		
		2×M10×1.5－7H	2	通规止、止规通各扣一分		
		80	1	超差不得分		
		60	1	超差不得分		
		位置度	2	误差超过0.2 mm不得分		
		*Ra*3.2	2	降一级扣1分，降两级不得分		
6	光孔	外形	0.5	形状正确，尺寸误差不超过0.2 mm即得分		
		2×ϕ10H7	0.5	超差不得分		
		80	0.5	超差不得分		
		60	0.5	超差不得分		
		位置度	1	误差超过0.2 mm不得分		
		*Ra*3.2	1	降一级扣1分，降两级不得分		
7	安全文明生产	着装规范，未受伤	1	违反酌情扣1分。扣完为止		
		刀具、工具、量具的放置	1	违反酌情扣1分。扣完为止		
		工件装夹、刀具安装规范	1	违反酌情扣1分。扣完为止		
		正确使用量具	1	违反酌情扣1分。扣完为止		
		卫生、设备保养	1	违反酌情扣1分。扣完为止		
	规范操作	开机前的检查和开机顺序正确	1	违反酌情扣1分。扣完为止		
		机床参考点	1	违反酌情扣1分。扣完为止		
		正确对刀，建立工件坐标系	1	违反酌情扣1分。扣完为止		
		正确设置参数	1	违反酌情扣1分。扣完为止		
		正确仿真校验	1	违反酌情扣1分。扣完为止		
	工艺合理	填写工序卡。工艺不合理，视情况酌情扣分（详见工序卡） 1. 工件定位和夹紧不合理 2. 加工顺序不合理 3. 刀具选择不合理 4. 关键工序错误	10	每违反一条酌情扣2分。扣完为止		

续表

序号	考核内容	考核要点	配分	考核标准	检测结果	得分
7	程序编制	1. 指令正确，程序完整 2. 运用刀具半径和长度补偿功能 3. 数值计算正确、程序编写表现出一定的技巧，简化计算和加工程序	30	每违反一项酌情扣6 ~ 10分。扣完为止		
	按时完成			超时≤15 min：扣5分		
				超时15 ~ 30 min：扣10分		
				超时 > 30 min：不计分		
合计			100	总分		

检验员：＿＿＿＿＿　　检测长：＿＿＿＿＿　　裁　判：＿＿＿＿＿　　裁判长：＿＿＿＿＿

操作技能考核模拟试卷3

1. 准备要求

(1) 安全文明生产准备

1) 工作服、帽、鞋穿戴整齐。

2) 工作场地按“5S”或“6S”标准管理。

(2) 机床设备准备

1) 设备。BV75 立式数控铣。检查机床机、电、切削液、气压各部分安全可靠。

2) 数控系统。FANUC 0i—MC 或 SIEMENS802D、810D、828D。

说明：可结合实际情况，选择其他型号的立式数控铣机床及数控系统。

(3) 材料准备

材料为45 钢，材料毛坯的尺寸形状如图3—5 所示。

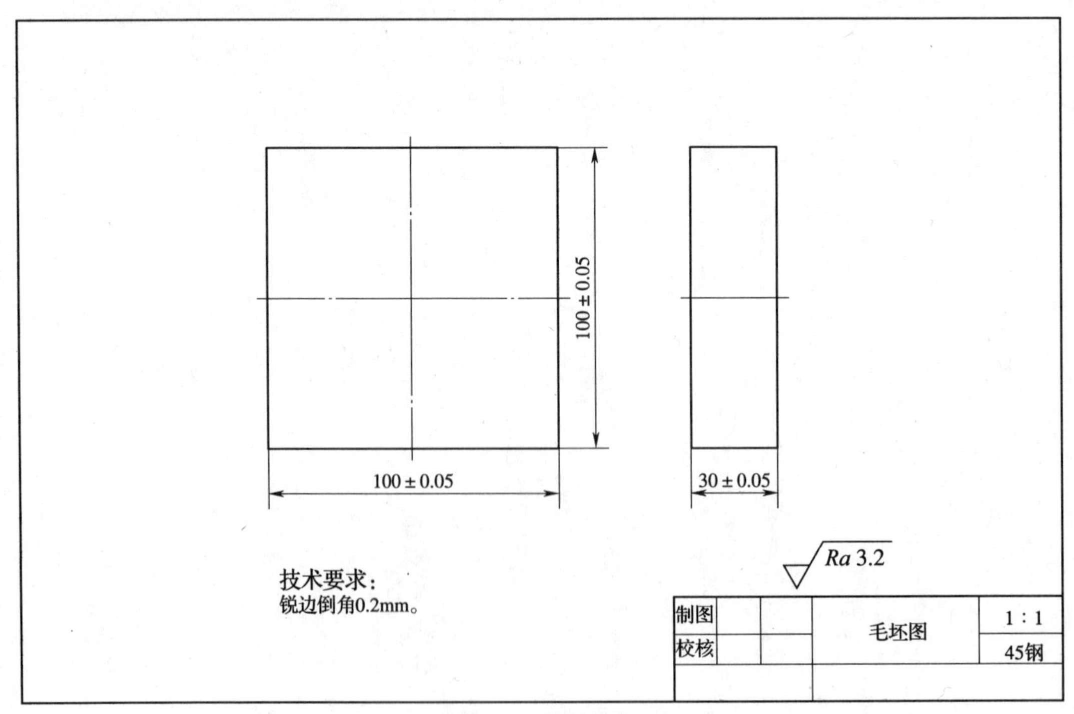

图3—5　毛坯图

(4) 工、刃、量、辅具准备

工、量、刃真清单			图号		
序号	名称	规格 (mm)	精度 (mm)	单位	数量
1	寻边器	$\phi10$	0.002	个	1
2	Z 轴设定器	50	0.01	个	1
3	带表游标卡尺	1～150	0.01	把	1
4	深度游标卡尺	0～200	0.02	把	1
5	外径千分表	50～75	0.01	把	1
6	杠杆百分表及表座	0～0.8	0.01	个	1
7	半径规	$R1$～$R6.5$		套	各1
8	粗糙度样板	$N0$～$N1$	12级	副	
9	塞规	$\phi10$	H7	个	
10	平行垫铁		高	副	若干
11	立铣刀	$\phi21$、$\phi8$		个	各2
12	面铣刀	80～120		个	1
13	中心钻	A2.5		个	1
14	麻花钻	$\phi9.7$、$\phi12$		个	各1
15	铰刀	$\phi10$	H7	个	
16	辅助用具	毛刷			1
17	机床保养用棉布				若干

2. 考核要求

(1) 本题分值：100分。

(2) 考核时间：240 min。

(3) 具体要求。加工如图3—6所示零件，主要分为以下几个步骤。

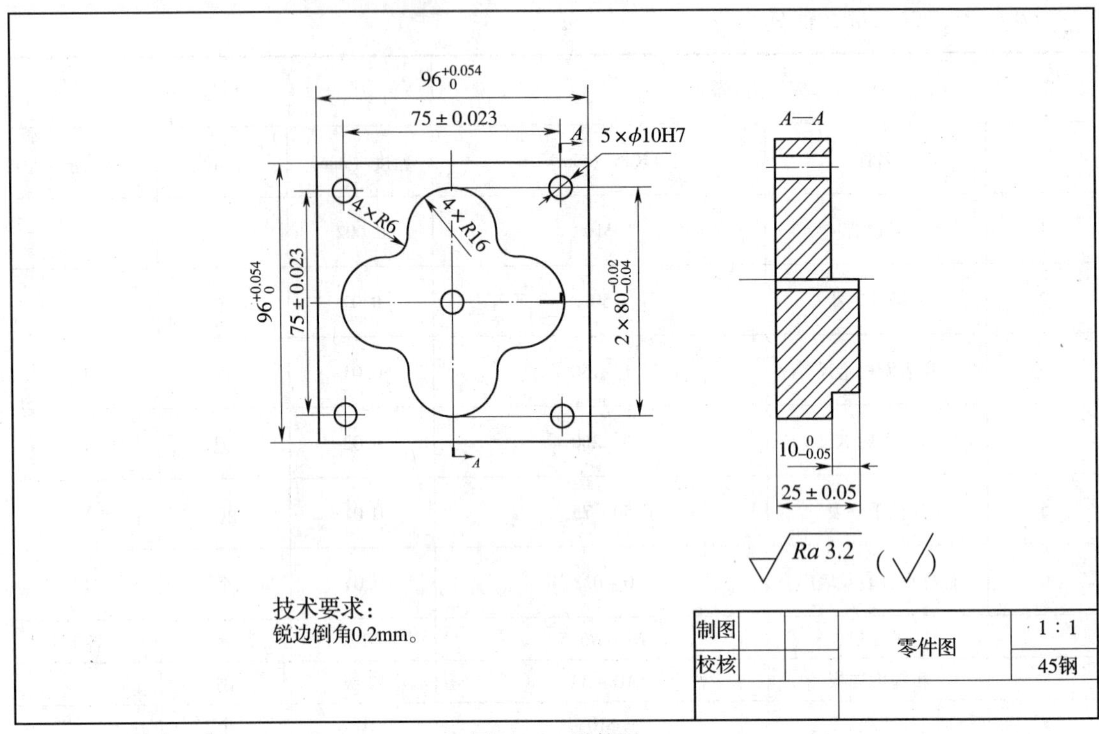

图 3—6　零件图

1）现场笔试。合理安排加工工艺路线，选用合适的夹具并制定工艺及编写完整的加工程序单（30 分）。

职业	数控铣工	等级	中级	姓名：	得分	
数控铣工工艺简卡				考试时间		
				单位		

工序名称及加工程序号	工艺简图（标明定位、装夹位置）（标明程序原点和对刀点位置）	工步序号及内容	选用刀具
		1.	
		2.	
		3.	
		4.	
		5.	
		6.	
		7.	

续表

职业	数控铣工	等级	中级	姓名：	得分	
				8.		
				9.		
				10.		
				11.		
				1.		
				2.		
				3.		
				4.		
				5.		
				6.		
				7.		
				8.		

2）现场操作。主要包括数控机床操作（15 分）、零件加工（50 分）、设备的维护与故障诊断（5 分）。

（4）否定项说明。发生重大安全事故、严重违反操作规程者，取消考试。

3．配分与评分标准

项目		技术要求	配分	评分标准	检测结果	得分
主要项目	1	$96^{+0.54}_{0}$	2×5	超差不得分、每个尺寸 5 分		
	2	75±0.023	2×5	超差不得分、每个尺寸 5 分		
	3	$10^{0}_{-0.05}$	5	超差不得分		
	4	$80^{-0.02}_{-0.04}$	2×5	超差不得分、每个尺寸 5 分		
	5	25±0.05	5	超差不得分		
	6	ϕ10H7 通孔	5×2	超差不得分、每孔 2 分		

续表

<table>
<tr><th colspan="2">项目</th><th>技术要求</th><th>配分</th><th>评分标准</th><th>检测结果</th><th>得分</th></tr>
<tr><td rowspan="7">现场操作</td><td>安全文明生产</td><td>1. 着装规范，未受伤
2. 刀具、工具、量具的放置
3. 工件装夹、刀具安装规范
4. 正确使用量具
5. 卫生、设备保养</td><td>5</td><td>每违反一条酌情扣1分。扣完为止</td><td></td><td></td></tr>
<tr><td>规范操作</td><td>1. 开机前的检查和开机顺序正确
2. 机床参考点
3. 正确对刀，建立工件坐标系
4. 正确设置参数
5. 正确仿真校验</td><td>5</td><td>每违反一条酌情扣1分。扣完为止</td><td></td><td></td></tr>
<tr><td>工艺合理</td><td>填写工序卡。工艺不合理，视情况酌情扣分（详见工序卡）
1. 工件定位和夹紧不合理
2. 加工顺序不合理
3. 刀具选择不合理
4. 关键工序错误</td><td>10</td><td>每违反一条酌情扣2分。扣完为止</td><td></td><td></td></tr>
<tr><td>程序编制</td><td>1. 指令正确，程序完整
2. 运用刀具半径和长度补偿功能
3. 数值计算正确、程序编写表现出一定的技巧，简化计算和加工程序</td><td>30</td><td>每违反一项酌情扣6～10分。扣完为止</td><td></td><td></td></tr>
<tr><td rowspan="3">按时完成</td><td rowspan="3"></td><td rowspan="3"></td><td>超时≤15 min：扣5分</td><td></td><td></td></tr>
<tr><td>超时15～30 min：扣10分</td><td></td><td></td></tr>
<tr><td>超时>30 min：不计分</td><td></td><td></td></tr>
<tr><td colspan="3">总配分</td><td>100</td><td>总分</td><td colspan="2"></td></tr>
</table>

操作技能考核模拟试卷 4

1. 准备要求

（1）安全文明生产准备

1）工作服、帽、鞋穿戴整齐。

2）工作场地按“5S”或“6S”标准管理。

（2）机床设备准备

1）设备。BV75 立式数控铣。检查机床机、电、切削液、气压各部分安全可靠。

2）数控系统。FANUC 0i—MC 或 SIEMENS802D、810D、828D。

说明：可结合实际情况，选择其他型号的立式数控铣机床及数控系统。

（3）材料准备

材料为 45 钢，材料毛坯的尺寸形状如图 3—7 所示。

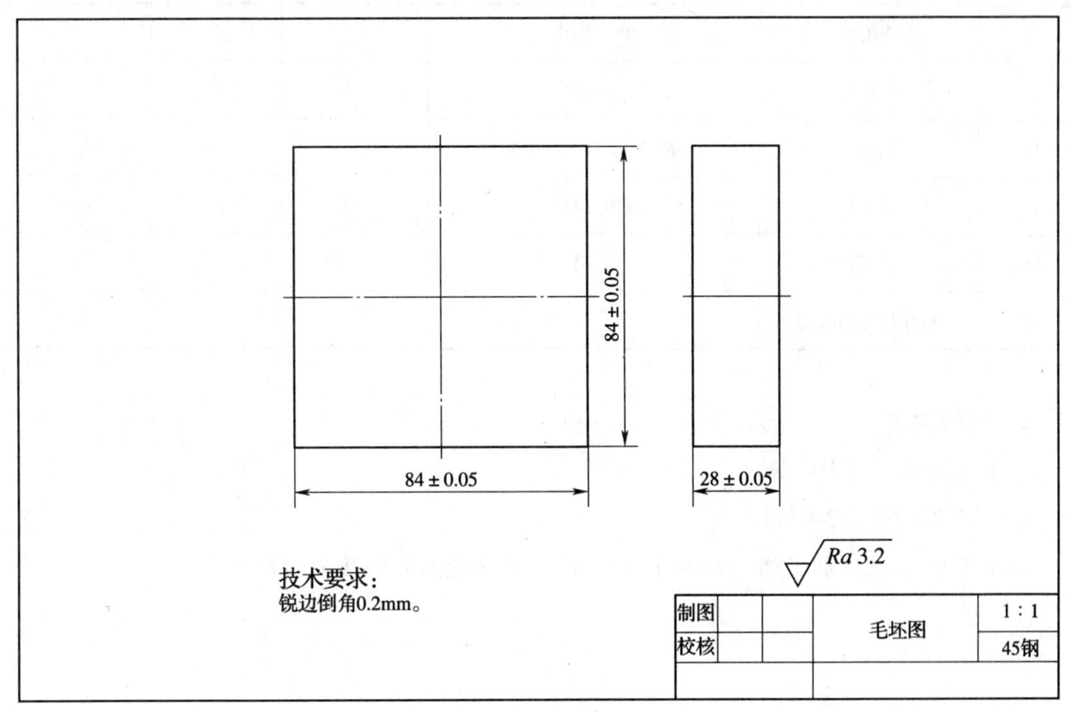

图 3—7　毛坯图

（4）工、刃、量、辅具准备

工、量、刃真清单			图号		
序号	名称	规格（mm）	精度（mm）	单位	数量
1	寻边器	$\phi10$	0.002	个	1
2	Z 轴设定器	50	0.01	个	1
3	带表游标卡尺	1～150	0.01	把	1
4	深度游标卡尺	0～200	0.02	把	1
5	外径千分表	50～75	0.01	把	1
6	杠杆百分表及表座	0～0.8	0.01	个	1
7	半径规	$R100$、$R7$～$R14.5$		套	各1
8	粗糙度样板	$N0$～$N1$	12级	副	
9	塞规	$\phi10$、$\phi12$	H7	把	各1
10	平行垫铁		高	副	若干
11	立铣刀	$\phi20$、$\phi8$		个	各1
12	万能角度尺	0°～320°		个	1
13	中心钻	A2.5		个	1
14	麻花钻	$\phi9.7$、$\phi11.7$、$\phi14$		个	各1
15	铰刀	$\phi10$、$\phi12$	H7	把	各1
16	辅助用具	毛刷			1
17	机床保养用棉布				若干

2. 考核要求

（1）本题分值：100分。

（2）考核时间：240 min。

（3）具体要求。加工如图3—8所示零件，主要分为以下几个步骤。

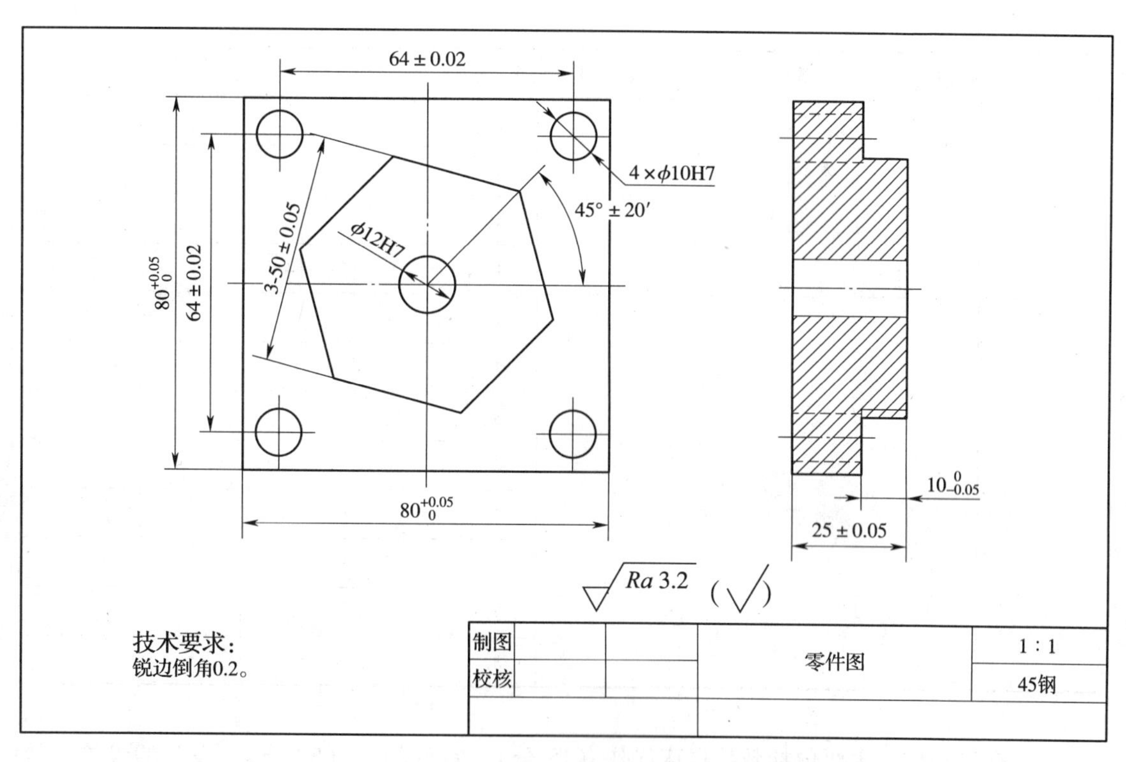

图 3—8　零件图

1）现场笔试。合理安排加工工艺路线，选用合适的夹具并制定工艺及编写完整的加工程序单（30 分）。

职业	数控铣工	等级	中级	姓名：	得分	
数控铣工工艺简卡				考试时间		
				单位		

工序名称及加工程序号	工艺简图（标明定位、装夹位置）（标明程序原点和对刀点位置）	工步序号及内容	选用刀具
		1.	
		2.	
		3.	
		4.	
		5.	
		6.	
		7.	

续表

职业	数控铣工	等级	中级	姓名：	得分
			8.		
			9.		
			10.		
			11.		
			1.		
			2.		
			3.		
			4.		
			5.		
			6.		
			7.		
			8.		

2）现场操作。主要包括数控机床操作（15分）、零件加工（50分）、设备的维护与故障诊断（5分）。

（4）否定项说明。发生重大安全事故、严重违反操作规程者，取消考试。

3. 配分与评分标准

项目		技术要求	配分	评分标准	检测结果	得分
主要项目	1	$2\times80^{+0.05}_{0}$	2×5	超差不得分、每个尺寸5分		
	2	2×64±0.02	2×2.5	超差不得分、每个尺寸2.5分		
	3	$10^{0}_{-0.05}$	5	超差不得分		
	4	3×50±0.05	3×2	超差不得分、每个尺寸2分		
	5	25±0.05	4	超差不得分		
	6	4×ϕ10H7 通孔	4×2	超差不得分、每孔2分		
	7	ϕ12H7 通孔	6	超差不得分		
	8	45°±20′	6	超差不得分		

续表

项目		技术要求	配分	评分标准	检测结果	得分
现场操作	安全文明生产	1．着装规范，未受伤 2．刀具、工具、量具的放置 3．工件装夹、刀具安装规范 4．正确使用量具 5．卫生、设备保养	5	每违反一条酌情扣1分。扣完为止		
	规范操作	1．开机前的检查和开机顺序正确 2．机床参考点 3．正确对刀，建立工件坐标系 4．正确设置参数 5．正确仿真校验	5	每违反一条酌情扣1分。扣完为止		
	工艺合理	填写工序卡。工艺不合理，视情况酌情扣分（详见工序卡） 1．工件定位和夹紧不合理 2．加工顺序不合理 3．刀具选择不合理 4．关键工序错误	10	每违反一条酌情扣2分。扣完为止		
	程序编制	1．指令正确，程序完整 2．运用刀具半径和长度补偿功能 3．数值计算正确、程序编写表现出一定的技巧，简化计算和加工程序	30	每违反一项酌情扣6~10分。扣完为止		
	按时完成			超时≤15 min：扣5分		
				超时15~30 min：扣10分		
				超时>30 min：不计分		
总配分			100	总分		